基于ADI教学模型发展学生论证能力的实践研究

刘红霞　周文冬　曾晓笛　姜仁涛　著

东北大学出版社

·沈　阳·

ⓒ 刘红霞 等 2023

图书在版编目（CIP）数据

基于ADI教学模型发展学生论证能力的实践研究 / 刘
红霞等著. — 沈阳：东北大学出版社，2023.12
ISBN 978-7-5517-3487-5

Ⅰ. ①基… Ⅱ. ①刘… Ⅲ. ①化学教学—教学研究
Ⅳ. ①O6-42

中国国家版本馆 CIP 数据核字（2024）第 017499 号

出　版　者：东北大学出版社
　　　　　　地址：沈阳市和平区文化路三号巷11号
　　　　　　邮编：110819
　　　　　　电话：024-83683655（总编室）
　　　　　　　　　024-83687331（营销部）
　　　　　　网址：http://press.neu.edu.cn
印　刷　者：辽宁一诺广告印务有限公司
发　行　者：东北大学出版社
幅面尺寸：170 mm×240 mm
印　　张：13.25
字　　数：245 千字
出版时间：2023 年 12 月第 1 版
印刷时间：2023 年 12 月第 1 次印刷
责任编辑：刘新宇
责任校对：罗　鑫
封面设计：潘正一
责任出版：初　茗

ISBN 978-7-5517-3487-5　　　　　　　　定　价：68.00 元

前　言

　　我国《普通高中化学课程标准（2017年版2020年修订）》提出化学学科核心素养，其中"证据推理与模型认知"这一维度的核心素养强调培养学生提出主张、搜寻证据以及进行推理等的能力，即培养学生科学论证能力。然而，我国的化学实验教学实践中论证过程常常被忽视以致无法有效培养学生科学论证能力。

　　论证探究式教学模型旨在以论证驱动探究活动，强调在探究中培养学生论证能力。因此，本研究结合我国化学探究实验教学实际，对ADI教学模型进行本土化探索并开展教学实践。

　　本研究采用文献研究法，梳理ADI教学模型的教学理念，尝试将ADI教学模型本土化，建构适用于我国高中化学实验教学的ADI教学模型，挖掘2019版人教版高中化学必修教材中适合展开ADI教学的内容，设计教学案例并实施教学。在教学实践中，采用教育实验法、问卷调查法等研究方法检验其实践效果，得出以下结论：重构后的ADI教学活动的应用策略有助于发展学生论证能力；基于重构后的ADI教学模型的课堂教学有利于提高学生的科学论证倾向与科学论证能力。本研究力求为高中化学教师开展论证探究式教学提供理论依据与实践案例，以期丰富化学实验教学中培养学生论证能力的教学策略。

　　我要感谢以下人员在本书制作过程中的巨大帮助和无私奉献：周文冬，曾晓笛，姜仁涛，他们提供了深入的行业洞察和建议，对本书的框架和内容产生了深远的影响。

　　我希望这本书能够满足所有人的期待，并能够为那些希望了解更多关于ADI教学模型在基础教育中的应用的行业人员提供价值。

刘红霞

2023年6月

目　录

第一章　绪　论

在国际和我国科学教育都积极推进发展学生论证能力这一背景下，化学教师需要认识更多发展学生论证能力的教学策略，以实现更好地在化学教学中发展学生的论证能力。论证探究式（argument-driven inquiry）教学模型，简称ADI教学模型，是一个在发展学生论证能力方面极具潜力的教学模型，能为教师通过教学活动有效发展学生论证能力提供理论依据以及方法指导。

一、研究背景

1. 国际科学教育的发展趋势

随着当代国际科学教育不断发展，各国科学教育逐渐重视科学论证在科学探究课堂中的作用，努力践行"融入论证的科学探究教学"理念，积极倡导将论证融入科学探究的教学活动中。

美国新一代科学教育标准[1]（NGSS）强调科学论证的作用，指出论证能够将科学领域和科学课堂联系起来，通过基于一系列充足、合理的证据构建某种解释，开展论证与推理过程。此外，在国际科学素养的测试工具中也提及科学论证，如2015年的国际学生评估项目[2]（PISA，加入"论证"的元素，即"科学地解释数据和证据"）。

2. 新课标要求发展学生核心素养

我国《普通高中化学课程标准（2017版）》[3]是2003年颁布的《普通高中化学课程标准（实验）》的修订版，其育人目标从三维目标体系转变为全面发展学生化学学科核心素养。化学学科核心素养的五个维度中的"证据推理与模型认知"这一维度的核心素养指出化学学科应发展学生"证据推理"能力，培养学生具有证据意识。通过培养"证据推理与模型认知"这一维度的核心素养，学生能基于证据对物质组成、结构及其变化提出可能的假设，通过分析推理加以证实或证伪，建立观点、结论和证据之间的逻辑关系，确定形成科学结论所需要的证据和寻找证据的途径。可见，发展学生"证据推理"能力的必要性越发凸显，而基于论证的教学是培养学生问题意识、证据观念、推理能力和批判思维的重要途径。

3. 培养学生论证能力的教学现状

在推进落实新课标背景下，教师较以往更为重视在教学实践中培养学生"论证推理与模型认知"这一维度的核心素养。在实际教学中教师往往在化学理论性知识的教学过程中重点关注并落实论证推理过程，王赛君[4]、雷万秀[5]等老师在实践教学中反思总结"在教学过程中由于时间限制、空间约束以及交流方式局限"等忽视论证推理过程。赵德成[6]等老师分析新课改以来教师教学实践行为后指出，在探究性教学方面存在的问题，如：教师教学从"满堂灌"到"满堂问"；探究活动有形无实，假探究现象比较突出；探究方法指导严重不足等。同样地，杨梅[7]老师指出在实验教学特别是探究实验教学中也常是仅注重探究的"形"而忽视其"神"，以教师为主导开展实验数据、实验现象分析继而得出结论，导致学生未能真实地体验论证推理过程，论证推理能力未能得到很好的发展，倾向于运用已有的直觉和推理能力解决问题。可见，在探究实验教学中应加强对学生论证能力的培养。

二、研究现状

Sampson 等人将 TAP 教学模式与探究式教学进行整合[8]，2008年首次提出论证探究式教学模型[9]，2012年在美国 K-12 科学教育框架强调论证的概念以及美国新一代科学教育标准也指出课堂教学应该围绕科学论证展开的背景下，基于前期的 ADI 教学模型进行了调整和完善[10]。Sampson 等人于2012年提出的新版 ADI 教学模型教学阶段如图1-1所示[11]（后文提及的 Sampson 等人提出的 ADI 教学模型均为此教学模型）。

ADI 教学模型是基于实验教学情境的论证驱动探究式教学策略，学生小组提出主张、设计实验方案、开展实验活动并收集相关数据进而利用获取的资料和实验数据展开论证支持所提出的主张[12]。ADI 教学模型侧重实验探究过程，同时强调论证推理过程，将探究与论证进行融合，适用于实验探究教学[13]。因此，本书选择将 ADI 教学模型引入探究实验教学，在探究实验教学中加强对学生论证能力的培养。

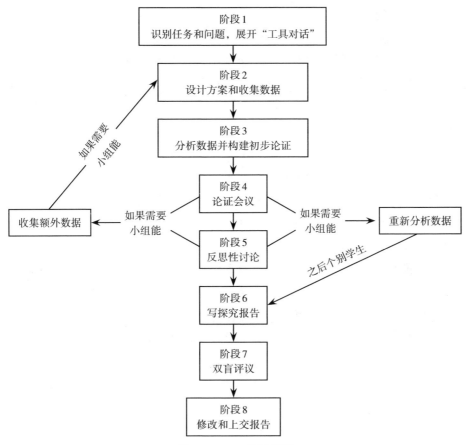

图 1-1 ADI 教学模型

1. 国外研究现状

ADI 教学模型由 Sampson 等人将 TAP 教学模式与探究式教学进行整合后于 2008 年首次提出，他们将 ADI 教学模型分为 7 个阶段。2009 年 Sampson 等人[14]以"亲子鉴定使用的血型"为例详细阐述了如何开展 ADI 教学。2012 年 Sampson 等人[15]尝试将 ADI 教学模型应用于大学化学教学中，发现在教学实践中使用 ADI 教学模型明显提高学生的学习兴趣和学习积极性。2013 年 Walker 等人[16]使用 ADI 教学模型设计系列实验教学活动，探究 ADI 教学模型在学生参与科学论证和科学论证质量方面的影响，其结果表明：学生参加 ADI 教学活动后科学论证参与度和论证能力都有所提高。Sampson 等人[17-18]研究发现，ADI 教学活动能让学生在学习生命科学、物理学、生物学和化学核心概念的同时提升学生论证能力。综上可知，利用 ADI 教学模型进行探究实验教学可以发展学生的批判性思维并提高论证能力。

2. 国内研究现状

自21世纪起，我国素质教育不断发展，注重培养学生科学素养，学者们对 ADI 教学模型展开深入研究，以探索培养学生科学素养的有效途径。在 CNKI 数据库中以"论证探究式教学"和"ADI 教学模型"作为检索词，以"主题"作为检索项，整理得出如下数据：以"ADI 教学模型"作为研究内容的文献一共有55篇，其中期刊论文有33篇，会议论文有1篇，硕士论文有21篇。研究的详细情况如下：41篇文献与生物学科相关，其中硕士论文15篇，会议论文1篇，期刊论文25篇；6篇文献与物理学科相关，其中硕士论文有3篇，期刊论文有3篇；2篇文献与化学学科相关，其中期刊论文1篇，硕士论文1篇；6篇文献与科学教育相关，其中硕士论文1篇，期刊论文5篇。根据发文数能看出学者对于 ADI 教学模型的关注度增强。

大量文献资料表明，ADI 教学模型适用于生物、物理、化学课程的探究实验教学。下面针对生物、物理、化学学科领域的已有研究进行分类分析。

（1）ADI 教学模型在生物学科的研究现状

ADI 教学模型在生物学科的研究主要集中在从理论角度阐述 ADI 教学模型和 ADI 教学设计研究、从实践角度进行 ADI 教学模型实践应用研究。

2012年，北京师范大学刘恩山教授[19]在《基于论证探究式教学模型的行动研究》中介绍了国外 ADI 教育相关研究成果，指出 ADI 教学模型是一种将科学论证融入探究式教学的新型教学模型，将 ADI 教学与探究式教学分隔开。随后刘恩山教授[20]在《论证探究式教学模型及其在理科教学中的作用》中阐述了 ADI 教学模型的提出、发展、对科学学习的重要意义以及展望 ADI 教学模型未来应用前景。

姚舒等人从理论角度对 ADI 教学模型进行论述。2013年，梁微[21]在《尝试 ADI 在高中生物有效实验课堂中的运用》中阐述 ADI 教学模型的内涵，并在"分子遗传基础"教学中应用 ADI 教学模型。2017年，姚舒[22]将 ADI 教学模型核心理念与生物学学科核心素养的理念进行剖析对比，最终认为两者高度吻合。上述研究对 ADI 教学模型进行了详细的阐释，为后续的研究提供了理论基础。

吕国裕等人从理论角度出发进行 ADI 教学设计研究。吕国裕[23]以"pH影响酶活性"为主题开展论证–探究式教学设计案例赏析，阐述 ADI 教学的流程和设计意图，探讨其对化学教育教学的启示。寇振莉[24]以"酵母菌的呼吸方式"为例，按 ADI 教学模型各环节开展教学设计。上述研究者以不同的实验为例，基于 ADI 教学模型设计实验教学，充分地阐述了 ADI 教学的每一环节应如何落实，为进行实证研究提供了实践指导。

金泓利、陈玉玲等人进行 ADI 实践应用研究。在新冠病毒感染疫情背景下，金泓利[25]结合生物学科核心素养要求与高考对学生能力考察情况，融合 ADI 教学模型与混合模式形成了 ADI 混合教学模式，并指出 ADI 混合教学模式在提高学生的学习兴趣以及科学论证能力方面有积极影响。陈川瑜[26]在研究后认为 ADI 教学模型融入高中生物课堂有助于提高学生的科学论证能力，并在反思总结后对开展 ADI 教学提出若干可行性建议。倪元媛[27]与陈玉玲[28]在硕士论文中均指出，通过在实验教学中应用 ADI 教学模型开展教学实践，有利于提升学生科学论证能力。王元洁[29]在研究中指出开展 ADI 教学对提升学生的科学态度以及学生的接受论证倾向有积极影响。成银[30]通过《论证式教学在高中生物教学中的应用初探》呈现 ADI 模式在生物教学中的应用预期。上述研究者均认为在生物实验教学中应用 ADI 教学模型有利于学生学科核心素养的培养。

（2）ADI 教学模型在物理学科的研究现状

根据 ADI 模型应用于物理学科的年份与数量可知其发展是从近两年开始的，其论文发表情况如下：共发论文 6 篇，其中硕士论文 3 篇（其中两篇于2020 年发表，一篇于 2021 年发表），期刊论文 3 篇（其中两篇于 2020 年发表，一篇于 2021 年发表）。通过分类梳理发现在物理学科关于 ADI 教学模型的研究主要集中在 ADI 教学设计研究及 ADI 实践应用研究。

辛慧、于璐等人进行 ADI 教学设计研究。辛慧[31]在《基于科学论证的高中物理教学案例分析与教学设计研究》中进行了具体教学案例分析、教学设计研究并给出若干实施 ADI 教学的建议。于璐[32]在《基于论证式教学的高中物理教学设计研究》一文中选取 ADI 教学模型和 PCRR 教学模型进行详细介绍，分别就如何使用两种教学模型、如何与教学设计的各个环节进行结合的问题进行详细分析，并在 ADI 教学设计方面给出一些实用建议。

周胜林、沈千会等人进行 ADI 实践应用研究。周胜林[33]以"电池电动势和内阻的测量"实验为例，深入探讨 ADI 教学模型如何在高中物理实验教学中的应用，研究结果表明，该教学模型与新一轮基础教育物理课程改革的理念高度一致，能为核心素养目标下的高中物理实验教学提供新的思路。郭志坚[34]探索如何在高中物理教学中应用 ADI 教学，其研究结果表明，ADI 教学模型是一种推动我国教育改革的有效的教学手段，将其应用于高中物理教学过程中有利于激发学生探究欲望，发展学生论证能力。沈千会[35]的研究结果表明 ADI 教学模型符合 2017 版课程标准中物理学科核心素养的理念，利于改革和创新物理实验教学模式，并提出 ADI 教学策略来帮助教师更好地实施教学。

在物理学科的应用研究中主要集中在实验教学，其研究也是偏向于实践研究。研究者们均表明在物理实验教学中应用 ADI 教学模型有利于提高学生的论证能力。

（3）ADI 教学模型在化学学科的研究现状

ADI 教学模型目前多应用于生物和物理教学研究中，在化学教学中应用较少：2018 年发表一篇期刊论文《以离子反应为例将 ADI 教学模型应用于化学教学》，2020 年发表一篇硕士学位论文《以初中探究实验为例将 ADI 教学模型应用于科学本质的培养》。

韩银凤等人进行 ADI 教学设计研究。韩银凤等人[36]将 ADI 教学模型应用于化学课堂，以离子反应教学为例呈现教学实践的整个环节。研究结果表明通过落实 ADI 教学模型的 8 个步骤能够锻炼学生的思维能力，实践教学中论证与推理过程有利于学生在潜移默化中提高逻辑思维与推理论证能力。

高园娜进行 ADI 教学实践研究。高园娜[37]将显性科学本质教学嵌入 ADI 教学模型的教学应用中，其研究结果表明显性科学本质教学嵌入 ADI 可以促进初中学生科学本质观的发展。

化学学科的已有研究结果表明，在实验教学中应用 ADI 教学有助于培养学生逻辑思维、发展学生论证能力、发展学生科学本质观。

3. 已有研究述评

纵观已有的国内外相关研究资料，国外学者关于 ADI 教学模型的相关研究结果表明，此模式具有巨大的潜能，它不仅有助于学习科学知识，还有助于培养学生思维能力、论证与阅读写作能力。同样地，国内学者的相关研究也表明 ADI 教学模型不仅能发展学生科学探究能力，还能提高学生的科学论证能力，发展学生的批判性思维。

从已有研究的数量、学科分布以及研究主体来看，ADI 教学应用于我国教学实践的研究尚处于发展阶段，其中 ADI 教学模型相关研究集中于生物学科，大多围绕着 ADI 教学设计案例和 ADI 教学实践。在物理学科中直接将 ADI 教学应用于实验教学实践，主要是集中在高中阶段的探究性实验中应用 ADI 教学模型进行教学。然而在化学学科中，ADI 教学模型相关研究较少，仅一份以高中阶段的离子反应为例的基于 ADI 教学模型的教学设计和一篇以初中探究实验为例将 ADI 教学模型应用于科学本质的培养的论文。

可以发现 ADI 教学模型在化学学科领域的应用还处于探索阶段，同时有研究者指出，ADI 教学模型直接应用于科学课程教学中存在许多不足，较为典型的问题如下：陈玉玲指出在实验教学中开展 ADI 教学活动耗时耗力，而由于教学课时限制往往会影响教学实践效果；倪元媛[38]、李梅[39]等研究者指出 ADI 活动的环节较多，完成一个完整的 ADI 教学非常吃力。此外，在"反思性讨论""写探究报告"等阶段基本各小组每次都是同一位同学向全班展示本组的论证过程，导致学生的参与度不高。

综上所述，ADI 教学模型在化学学科领域的应用还处于探索阶段，并且 ADI 教学模型直接应用于教学存在效果不佳、活动内容多以及"反思性讨论"及其后续活动中学生参与度不高等问题，不难发现 ADI 教学模型不适合直接应用于我国高中化学实验教学。

本书将基于以上情况以及在实验教学发展学生论证能力这一目的驱动下，在 ADI 教学核心理念指导下进行 ADI 教学模型本土化探索，以期通过本土化的 ADI 教学活动发展学生论证能力。

三、研究目的与意义

1. 研究目的

本书以人教版 2019 版高中（必修）教材中的探究实验活动为载体，基于新课程标准要求、ADI 教学模型的核心理念，并结合我国化学探究实验教学实际，对 ADI 教学模型进行本土化探索并将其应用于高中化学探究实验教学中。本研究的主要目的如下。

基于新课程标准的相关要求，结合我国化学探究实验教学实际，在 ADI 教学模型的核心理念的指导下，进行 ADI 教学模型的本土化探索并进行教学设计与实践，分析应用调整后的 ADI 教学模型进行探究实验教学对学生论证能力与论证倾向的影响。

在实验教学活动中应用本土化探索的 ADI 教学模型，总结应用调整后的 ADI 教学模型的可操作性建议，旨在发展学生论证能力。

2. 研究意义

本书是基于我国新课标对化学教育的要求以及化学实验教学的现状，针对在探究实验教学过程中论证元素的不足甚至缺失导致学生在探究实验学习中未能有效地培养论证能力这一核心问题，在相关文献资料的理论指导下，将ADI教学模型引入高中化学实验探究教学过程中，让学生体验论证驱动探究的活动，发展学生的论证能力。本研究的研究意义如下。

（1）理论意义

国外关于ADI教学的研究起步较早，形成了其理论体系；国内ADI教学主要应用于生物与物理学科探究性实验教学中，尚未基于我国化学实验教学特点进行本土化研究。本研究在国内外已有研究的指导下，基于ADI教学模型理念的指导进行高中化学实验教学，丰富化学实验教学策略，为高中化学教师提供ADI教学相关理论与实践案例。

（2）实践意义

本研究旨在ADI教学模型理念的指导下进行高中化学实验教学，促进论证理念在探究实验中的教学实践化。对教师而言，为教师开展ADI教学理念指导下的教学实践案例，有助于提高教师在教学中运用论证探究的教育教学技能。对学生而言，有利于培养学生化学学科核心素养，发展学生探究思维、批判思维，养成用论点、论据维护自己主张的习惯，提高学生的推理论证能力。

四、研究内容与方法

1. 研究内容

如今，科学论证能力已经成为学生学习科学的重要能力之一，那么高中化学实验教学中应如何在ADI教学模型的理念的指导下开展实验教学活动？如何调整ADI教学模型以利于化学实验教学实践？在探究实验教学实践中应用调整后的ADI教学模型是否利于发展学生论证倾向、论证能力？本书在综合分析国内外相关已有研究的理论基础的指导下，主要讨论以下三个问题。

① 基于ADI教学模型理念与我国化学实验教学实际，应如何调整ADI教学模型？

② 高中化学实验教学中应用调整后的ADI教学模型的具体策略是什么？

③ 通过调整后的ADI教学模型的教学实践，是否利于发展学生论证倾向、论证能力？

2. 研究方法

（1）文献分析法

文献分析法是研究者依据研究目的，收集相关书籍、期刊、数据库等资源，通过对相关资源进行整理和分析，从而形成科学认识的方法。本书通过分析高中化学 2019 版必修教材、化学课程标准以及查阅与"高中化学实验教学""ADI 教学模型"等主题词相关的文献资料，归纳整理近几年国内外的研究现状与趋势，确定研究的方向与重点。基于对文献的分析，整理归纳 ADI 教学的理论基础、界定相关概念、应用策略；筛选适合 ADI 教学模型的高中化学实验内容；设计应用 ADI 教学模型理念指导的实验教学以及确定研究工具。

（2）问卷调查研究法

问卷调查研究法是建立在大量的问卷调查的基础之上，通过问卷的设计、发放和回收、整理和分析这三个重要环节对研究做出相应的分析。本书采用论证能力测试问卷与科学论证倾向量表，对比传统探究式教学和调整后的 ADI 教学模型实施的教学效果，以了解 ADI 教学对学生论证倾向与论证能力的影响。同时对此次调查问卷数据进行整理和分析，为本课题的研究提供科学的有力的事实根据。

（3）实验研究法

实验研究法是操纵自变量以引起因变量的变化，从而确定变量间因果联系的研究方法。本实验研究的对象选自鞍山市鞍钢高级中学一年级两个学生总体情况相近的班级，两个班级间学生入学平均水平相近，将其分为实验组和对照组（7 班为实验组，11 班为对照组），对照组开展传统探究式实验教学，实验组应用调整后的 ADI 教学模型开展实验教学。经过三个月的教学实践，以科学论证倾向量表及科学论证能力测试问卷开展前测与后测调查，分析以 ADI 教学理念指导探究实验教学对学生的论证倾向与论证能力的影响。

第二章　概念界定与理论基础

本章主要内容为界定论证、论证能力与ADI教学模型是什么并阐述本研究的理论基础，旨在厘清本研究的核心概念以及理论基础，为后续的研究提供理论指导和依据。

一、概念界定

1. 论证

论证的英文为"argument"，源于拉丁文"argumentum"[40]，本意为"to put into clear light"，即"使……清晰"。"论证"一词的释义在《现代汉语大词典》[41]中有三个，分别为：① 指引用论据证明论题真实性的论述过程，是由论据推出论题时使用的推理形式；② 论述并证明；③ 立论的根据。我们可以理解为：论述者运用论据来证明论点真伪的论述过程即为论证，论证有三个基本构成要素：论点、论据和论证方法。其中：论点是由论述者针对某一问题所表明的见解与主张，是论述者立场的直接反映，在论证中位于中心地位，它明确指出"论证什么"，是一个意思明确的表示判断的陈述句；论据是论述者用来证明论点的理由和根据，是说明观点的材料，由论述者从大量信息中经过反复分析判断后优选出来证明论点的材料，它明确指出"用什么来论证"，可分为已被确认的关于事实的判断和表述科学原理的判断，一个论证中一般有多个论据；论证方法是论证过程中采用的一个或一系列推理形式，它明确指出"怎样用论据论证论点"，利用论据论证论点的方法包括举例论证、比较论证、因果论证等。在论证过程中[42]，可以帮助学生形成严谨的科学态度及科学的批判性思维，提高深度理解能力。

2. 论证能力

论证能力即能运用论据证明论点真伪的能力[43]，按照环节划分可以归为三方面：面对某一现象或问题时，① 能提出自己的见解与主张；② 能收集相关证据并对其进行解释；③ 能进行证据推理过程，建立所提出的见解、主张和收集的相关证据之间的关系，进而证明见解与主张的真伪，甚至反驳对方的见解与主张来说服别人的能力。发展论证能力有利于促进学生深度认识科学的本质，锻炼逻辑思维能力，树立独立思考意识，形成个人的观点与立场，掌握捍卫自己主张的科学方法。

3. ADI 教学模型

ADI 教学模型于2008年首次由 Sampson 等人提出，他们基于美国新一代科学教育标准（NGSS）强调科学论证的作用这一背景，将 TAP 教学模式引入探究式教学中，将二者整合进而构建出一种新型教学模式——ADI 教学模型，经实践发现其适用于课堂教学。为了适应美国 K-12 科学教育框架提出的八项目标，Sampson 团队于2012年提出了新版的 ADI 教学模型[44]，分为8个步骤：① 识别任务和问题，展开"工具对话"；② 设计方案和收集数据；③ 分析数据并构建初步论证；④ 论证会议；⑤ 反思性讨论；⑥ 写探究报告；⑦ 双盲评议；⑧ 修改和上交报告。ADI 教学优势在于有效地将科学论证与探究过程结合并以论证驱动探究，强调论证在科学知识构建中的重要作用，经实践研究发现，ADI 教学模型的运用比传统教学更利于帮助学生理解科学本质，有利于提高初高中学生的科学写作能力、科学论证能力。

4. 图尔敏模型

图尔敏模型（Thurstone model）是由美国心理学家图尔敏（L.L.Thurstone）于20世纪初提出的一种教育教学模式。该模式强调六个要素，即主张、资料、根据、支援、限定词、反驳，通过这些要素的有机结合，帮助学生主动探究、发现和解决问题，达到知识的掌握和能力的提高。图尔敏模型认为，学生应该是主动地，而不是被动地接受知识，教师的角色是引导学生思考、启发学生的兴趣、鼓励学生的创新，以达到知识的深化和能力的提升。

图尔敏模型主要包括四个教学环节，即"准备阶段"（preparation）、"启发阶段"（incubation）、"启示阶段"（illumination）和"确认阶段"（verification）。在准备阶段，教师应该为学生提供充足的背景知识和学习资料，以帮助学生准备好学习任务。在启发阶段，教师应该通过启发性问题、案例分析等方式，引导学生思考、发现问题。在启示阶段，教师应该通过给予学生鼓励、指导，帮助学生解决问题，从而达到知识的掌握和能力的提高。在确认阶段，教师应该对学生的学习成果进行检查和评估，以提高教学效果和质量。

图尔敏模型强调学生的主动性和创新性，与传统的"灌输式教学"（transmissive teaching）相比，更加注重学生的思维能力和实践能力的培养。图尔敏模型的应用，可以使学生更加积极地参与学习、提高学生的创新能力和实践能力，有利于培养学生的综合素质和创新意识。

二、理论基础

1. 认知主义学习理论

认知主义心理学家认为学习的本质是学生能动地形成认知结构的过程，即学生在获取新知识过程中培养思维方式，激发学习的内在动机，学生是主动的信息加工者。学生在学习的情境中，运用自身已有的认知结构去认识和辨别知识，理解刺激之间的关系，增加自身的经验，完善自身原有的认知结构[45]。认知主义心理学家们强调学生学习是知识框架组织与重建的过程，应注重知识框架结构的整体性，强调通过发现学习实现知识框架组织和重建。发现学习的步骤为：① 创设问题情境；② 作出假设；③ 验证假设；④ 形成结论。发现学习作为一种学习策略，有利于发展学生智力，激发学生内部动机，培养学生创造性思维。[46]

基于认知主义学习理论的指导，化学教学中主张创设真实而有效的教学情境，让学生在真实且有价值的问题情境中思考、作出假设、进行探究与论证、形成结论。在化学探究实验教学过程中也需要教师把握学生认知发展规律，帮助学生在探究活动中发现知识，搭建已有知识与新知识间的"桥梁"，不断扩大和提升自身已有的认知结构。而ADI教学模型就是基于认知主义学习理论的指导下结合科学教育的特点形成的一种帮助学生通过一系列学习活动发现知识进而深度理解新知识的教学策略。在高中化学探究实验教学过程中应用ADI教学模型，有助于开展学生认知发展过程中的两大重要活动，即有意识的主动探究活动与科学的论证活动。ADI教学模型应用于高中化学探究实验有利于学生养成深度思考的习惯，树立独立解决问题的意识，掌握搭建知识与知识间"桥梁"的科学方法，发展学生科学论证能力。

2. 建构主义学习理论

建构主义学习理论学者[47]认为学习是学生在教学活动中从已有知识经验出发，在真实情境中通过教师与学生、学生与学生之间操作、对话、协作等交互方式进行有意义建构。在学习活动中，教师创设与学生认知有冲突的情境，让学生处于认知冲突的矛盾中，通过主动对话、协作等交互方式对已有知识改组甚至创造、改造，从而实现从原有经验中"生长"出新知识。此学习过程中[48]教师仅为协调者、帮助者，让学生成为学习活动的中心，主动地、积极地、高效地完成知识的建构。

建构主义学习理论指导下的教学实践形成了多种教学策略，较为典型并且应用广泛的教学策略如探究式教学、论证式教学、情境教学、支架式教学、交互式学习及合作学习等策略。其中探究式教学策略是指学生通过发现问题和解决问题的过程来建构知识，通过提出驱动性问题、形成具体计划、实施计划、形成交流结果并进行反思评价等环节，实现知识的灵活应用、提高解决问题能力以及养成自主学习意识。论证式教学策略是指学生通过运用论据来证明论点真伪的论述过程来建构知识，形成严谨的科学态度及科学的批判性思维，提高学生的深度理解能力。在这两种学习策略中有着一些相同的特点，即学生在学习过程中处于主体地位，教师充当课堂专家及观众角色，起主导作用；教学活动均处于真实情境中，学生需要主动对话、协作等实现知识建构。

3.科学论证

科学论证教学是将论证引入科学课堂，使学生经历类似科学家研究问题的论证过程，从而促进学生理解科学概念与科学本质，发展学生的科学思维。当下，"科学是一种知识体系"这种朴素科学观已经发展为"科学是基于证据的思想、解释与辩护"[49]的新时代科学观[50]。在科学教育中，不仅要提供科学知识和技术，而且要注重对学生进行批判思考和论证的能力的培养。在新一轮的课程改革中，科学论证越来越受到人们的重视。

我国对科学论证的研究，是在国际科学教育着重培养学生科学素养的情况下，以新课标为依据，以学科的特点和任务为基础，对教育给予学生发展价值的思考。当前，科学论证理论体系的构建已经逐步完善，从内涵实质、构成要素、论证类型、层次评估等多个方面进行了深入的研究。对科学论证教学进行的实践研究，主要表现在：以学生发展核心素养的要求为基础，对科学论证理论思想与教学主题内容之间的关系进行了分析，对以科学论证为基础的教学模式进行了设计，并将其应用到了实践教学中。

ADI教学模型在建构主义理论指导下将论证式教学策略与探究式教学策略进行整合，重点突出探究与论证过程，学生以论证驱动探究，再以探究收集资料进行论证。在高中化学实验教学中以ADI教学模型的理念为指导，引导学生经历论证驱动探究的学习过程，从中实现知识建构并掌握论证驱动探究的学习策略。

4. 化学实验

化学知识是化学实验的基础，化学实验是化学知识的应用，两者相辅相成，缺一不可。没有实验，知识的学习是机械的；没有知识，学生的潜能得不到开发。所以，在化学教学中，一定要注重实验，对化学实验教学的作用有充分的认识和发挥，只有这样，才能把握住提升化学教学质量的关键点，转变传统的教学方法，开创出以实验探究为核心的化学课堂教学新模式，从而促进学生的全面发展[51]。

化学实验是化学学科产生与发展的基本条件，它是检验化学学科知识是否正确的标准，是检验知识的重要媒介，对学生科学素养的提升有重大意义。为提高对化学实验的认识，要在化学教学中更好地应用化学实验，这一说法已经得到了大家的一致认可。实验活动不仅可以帮助学生更好地理解和掌握相关的知识，有利于他们在观察、实验操作、科学思维、识图和绘图、语言表达等方面能力的发展，也能促进学生尊重事实、坚持真理的科学态度的形成[52]。在强调"培养学生理性思维的习惯，形成积极的科学态度，发展终身学习的能力"新课程理念的变革中，更需要中学理科教师不断探寻新的教学方法[53]。

5. 化学实验教学

实验教学是化学课程的重要组成部分，对学生知识的学习和能力的发展起着关键的作用，历来备受广大化学教育研究者的重视[54-56]。化学实验是实现教学目标的一种行之有效的手段，可以加强化学知识的应用，获得化学实验的技能，培养严谨的科学态度。它是一种不断变化的现象，它的直观、真切和印象深刻的特点可以激发学生的学习兴趣，对帮助学生理解化学概念、原理及巩固化学知识起到强有力的证明作用。化学实验是化学教学的重要组成部分。在教学中，让学生进行实验，使他们能够更好地认识、掌握、发展、完善自己的知识体系，在教学中起着不可取代的作用。

6. 人本主义理论

罗杰斯指出，人本主义注重以学习者为中心，重视个人发展，认为学生应该拥有自主性、自觉性和创新性，这些都是教育的核心目标。他认为，孩子拥有无限的潜能，可以通过主动地学习来实现自身的发展。孩子应该以积极的态度参与课堂教学活动，与老师共同探索、研究和发现，并且积极参与，全面了解课堂内容。

7. 合作学习理论

合作学习是在教学过程中将学生分为若干个学习小组，通过组内成员的合作交流共同进步，不但可以提升知识技能的学习，同时还可以开阔思维、集思广益，培养合作探究与交流讨论的能力，以及学生的情感态度与价值观。而ADI教学模型就是给定一个确定的问题，然后小组讨论探究、互评、反思总结，对知识有更加深入的领悟，这都与合作学习理论相符合。

8. 支架式教学理论

支架式教学法是一种以学习者为中心，以培养学生的自主学习、问题解决能力为目标的教学法。教学中应当将复杂的问题分解为多个层层深入的学习任务，为学生提供一种能够构建知识的概念框架，来帮助学生由浅入深地理解问题。"问题链"教学整个过程就是以学生为主体，通过教师循序渐进、由易到难的问题引导逐步地理解知识、掌握知识，最后形成自己的思维模式，从而能够在学习中将理论与实践相结合，自如地运用知识。

9. 最近发展区理论

最近发展区理论，指出学生的发展有两种水平：一种是学生的现有水平，即学生独立活动时所能达到的解决问题的水平；另一种是学生可能的发展水平，也就是通过教学所获得的潜力。两者之间的差异就是最近发展区。"问题链"的设置既要考虑到学生已有知识水平、思维能力，还要具有启发、诱导获得新的成长的意义。通过循序渐进的思考使学生能够在保持学习兴趣和激情的同时开阔思维。

10. 有意义学习理论

奥苏贝尔，美国著名的教育心理学家。他从皮亚杰等知名的心理学家的认知吸收的角度出发，归纳出了"有意义的"的学习方法。他把有意义的学习定义为本质上是在学习的过程中，由象征所表示的新的认识与学生的认识构成相关联的一种物质而不是人工的关系。

5E教学模式是美国生物学课程研究（BSCS）开发出的一种建构主义教学模式，在科学教育领域受到高度的关注。

在教学中，5E教学模式可以用来探查学生的前科学概念，培养学生的科学探究能力，以及帮助学生实现概念转变和构建科学概念。5E模式共包括5个教学环节：引入（Engage），探究（Explore），解释（Explain），精致（Elaborate），评价（Evaluate）。

第三章 基于ADI教学理念的 化学实验教学设计

如何解决某一问题，应做到理念先行，只有明确了某一理念后才能在其指导下确定解决问题的思路，进而拟定出可行的框架、实施步骤、操作要点等，最后通过实践解决问题。要实现ADI教学模型与化学实验教学有效结合，第一，要明确ADI教学模型的核心理念，利用ADI教学理念指导化学实验教学；第二，明确在教学实践中直接应用ADI教学模型存在的主要问题，基于本研究的目的与我国化学教学的长处，调整ADI教学模型并分析具体操作方法；第三，梳理实验内容并选择作为教学设计案例的实验教学内容，因为实验教学内容的探究性、论证性强弱直接影响学生进行探究与论证活动；第四，针对同一实验教学内容，进行基于原ADI教学模型以及调整后的ADI教学模型的实验教学设计。下面将阐述ADI教学模型的理念、调整ADI教学模型及梳理具体操作方法、梳理适合应用ADI教学模型的化学实验内容、进行实验教学设计。

一、ADI教学模型理念

ADI教学模型的核心理念是将论证和探究结合，由论证活动驱动探究活动，学生经历由论证驱动探究，再利用探究获得的相关数据进行论证提出的主张的学习过程，培养科学的思维习惯和批判性思维技能。ADI教学模型是一个包括八个步骤的实验室教学模型，表3-1所列为Sampson和Walker[1]明确提出的八个相互关联的步骤及其目的。

表3-1 ADI教学模型的步骤和每一步的目的

步骤	目的
识别任务和问题，展开"工具对话"	吸引注意力、激活已有知识
设计方案和收集数据	设计和进行探究、确定需要什么数据及如何收集数据

表3-1（续）

步骤	目的
分析数据并构建初步论证	提出试探性的论点并展开初步论证
论证会议	小组分享观点，就他们的论点获得反馈
反思性讨论	分享知识和经验，从与其他小组的分享中获得知识和经验
写探究报告	学习如何撰写书面论证
双盲评议	了解高质量的调查报告，从同学那里得到反馈
修改和上交报告	修改探究报告，提高书面表达能力

Sampson等人强调科学探究过程中一个很重要的方面是论证，这在课堂上经常被忽视。同时指出，在科学上论证是一种"逻辑话语"的形式，其目标是梳理出想法和证据之间的关系。所以他们建构的ADI教学模型中的八个学习活动阶段的设计都是相互关联的，并与其他阶段协同工作。他们尝试通过学生主动参与探究与论证活动结合的教学模式发展学生探究能力与论证能力，帮助学生理解科学本质，提高科学写作能力，发展科学论证的能力。

ADI教学模型的主要教学活动中的应用策略可采取"方案竞争"策略以及"支架引导"策略。具体策略阐述如下。

"方案竞争"策略。教师利用"同主题、多方案"营造"方案竞争"的课堂氛围，学生以实验小组为单位完成实验方案，分享本小组的实验方案，接受其他小组的质疑，开展小组间论证实验方案教学活动，最终形成可操作性较强的实验方案。

"支架引导"策略。教师在教学过程中为学生展开论证提供"支架"，"支架"中的主要要素为论点、论据以及论证过程，以便学生准确把握论证过程以实现更好地开展ADI教学活动。

ADI教学模型有八个阶段，"方案竞争"策略和"支架引导"策略应用于ADI教学活动中并非始终应用或均匀分布的，而是分散于ADI教学活动的各阶段中，现将ADI教学活动的各阶段具体操作策略阐述如下。

①识别任务和问题阶段（约5分钟）。在课前教师基于对学生已有生活经验、知识以及已具备的能力的了解与教学内容的理解，识别教学任务和问题，创设真实有效的教学情境。此阶段教师通过课前导入创设生动且真实的教学情境激发学习兴趣，学生在教学情境的学习中明确学习任务和需要解决的问题，

调动已有经验与能力，对如何完成学习任务和如何解决问题进行初步分析思考，提出小组主张并填教师提供的"论证-探究记录表"（见附录一）。

②设计方案和收集数据阶段（30～40分钟）。学生以小组合作的形式，组内每名学生分享自己的初步分析，再共同探讨解决问题中的具体操作，共同设计方案和收集数据。其中设计的方案以实验为主，查阅相关信息为辅；收集数据的方式以通过实验操作获得相关实验数据为主，查阅相关文字、图片或视频等信息为辅。教师引导学生写出完整的实验方案和实验步骤，在小组开展实验收集数据之前，通过提问的方式引导学生共同探讨操作方法的合理性，如实验方案不合理应如何调整。在学生收集数据阶段，教师通过巡视各小组实验情况，有针对性地指导各小组开展实验探究，同时了解学生学习进程与学习情况。

③分析数据并构建初步论证阶段（10～15分钟）。此阶段以开展学生组内活动为主，以小组为单位利用实验收集的数据与查阅收集的资料展开初步论证并填写论证过程表。学生在教师引导下通过论证提出的主张进而得到结论，体会论证推理过程，了解主张、证据、论证与结论之间的联系。

④论证会议阶段（20～25分钟）。此阶段采用小组汇报形式，小组代表阐述小组论证过程，学生可对其进行辩护和修改，也可对其他小组的汇报内容提出质疑。此过程中给学生提供修改主张和论证的机会，教师和其他小组的学生可对汇报小组提出质疑，汇报组成员进一步思考并反驳质疑。

⑤反思讨论阶段（10～15分钟）。论证会议阶段完成后，教师以问题引导学生回顾ADI教学活动各阶段、在活动中存在的不足之处是什么、如何完善不足之处、ADI教学活动过程的实质是什么等。

⑥写探究报告阶段（课后完成）。学生将ADI教学活动过程以书面形式写成探究报告。此阶段学生回顾ADI教学活动中的探究与论证过程，明确自己做了什么，通过怎样的思维过程得到怎样的结论。此探究报告没有固定格式，但核心内容为：我想做什么、如何做、详细的论证过程、所得结论是什么。

⑦双盲评议阶段（15～20分钟）。教师将探究报告与评价单随机分给各小组。评价单包括评价项目、评价标准、反馈。学生根据评价标准进行评价，填写评价单，在反馈栏给出修改意见并说明原因。

⑧修改和上交报告（课后完成）。教师回收探究报告和评价单并进行评分与反馈，若需要修改则暂缓评分，鼓励并引导学生修改，学生完成修改后进行评分与反馈。

综上所述，通过梳理ADI教学模型的具体操作方法，可以发现其教学活动虽相互关联，有利于发展学生的论证与科学写作等能力，但教学活动环节较多，耗时较长（若教学时间不中断并忽略两个课后完成的教学活动，至少需要90~120分钟）。ADI教学模型的各阶段教学活动也反映出有利于培养学生论证能力的教学活动主要为第一阶段至第五阶段的教学活动，第六阶段至第八阶段则主要致力于培养学生科学写作能力。

二、调整ADI教学模型

1. 调整ADI教学模型的必要性

通过对国内已有研究的分析，发现ADI教学模型应用于科学课程教学中有利于激发学生学习兴趣，学生通过体会论证探究过程发展批判思维与论证能力，促进学科核心素养的落实。但也有研究者指出ADI教学模型应用在教学过程中的不足：ADI教学活动的开展耗时耗力（需要3~4个课时）；ADI活动的内容较多，直接完成一个完整的ADI教学非常吃力，在"反思性讨论""写探究报告"等阶段每个小组基本都是同一名成员展示论证过程并反驳他人的质疑等，学生的参与度下降。可以发现，ADI教学直接应用于我国化学教学实践存在困难，其关键在于ADI教学活动环节较多，第一个活动与最后一个活动间隔时间过长，学生易在进行后面的教学活动时对前面的教学活动印象模糊，使教学成为"活动控"的课堂，导致教学过程中师生"忙忙碌碌"却"事倍功半"。

学习过程中，学生应如何获得知识？当代教育教学中研究者们认为在教育教学中应以教师为主导，学生为主体，学生从活动中获取知识，在活动中建构知识，同时注意教学中应避免陷入"活动"中，明确活动只是帮助学生获取知识的途径。除学生从活动中学习之外，还应认识到学生学习不仅是学习知识还应学会学习，即掌握学习方法，因为知识会随着时代的发展推陈出新，而有关学习方法的知识生命力就比较强，能经得起时间的考验，有较好的迁移能力，所以学生学习过程中还需要认知学习过程，掌握学习方法以实现学会学习。

ADI教学模型能否利于学生通过活动获得知识，能否掌握学习策略？为什么需要对ADI教学模型进行调整？将ADI教学模型不同活动阶段进行分析，可以发现其主要分为三个大阶段，即论证驱动实验探究阶段、论证阶段以及撰写并修改研究报告阶段。对ADI教学模型进行调整的必要性如下。第一，从各个阶段的学生参与度角度看：各阶段教学活动均是以小组合作形式开展，探究阶段学生共同确定探究方案并收集数据，学生参与度较高；论证阶段学生共同讨论并展开初步论证，再由小组代表发言进行小组间的论证会议，学生参与度较高；撰写与修改研究报告阶段是由小组代表完成，学生参与度下降。可以发现ADI教学模型第一、二阶段中学生参与度高，在活动中体会论证探究过程有利于发展学生论证能力，第三阶段中学生参与度下降，以撰写、评议与修改研究报告为主，有利于培养学生科学写作能力。第二，从学习过程的角度来看：ADI教学模型中学生主要参与了探究、论证、反思讨论以及书写和修改研究报告等学习过程，学生体验论证探究过程，有利于学生从活动中学习，但学习过程中缺乏学生对整个论证探究学习的知识进行总结归纳，缺少对学习过程的回顾，不利于学生深入地掌握所学知识以及论证探究的学习方式。第三，从本研究要解决的核心问题角度来看：本研究旨在探索实验教学过程中如何发展学生的论证能力。而ADI教学模型中主要有利于培养学生论证能力的教学活动是前五个教学活动，后三个教学活动则主要致力于培养学生科学写作能力。第四，ADI教学活动中第五个教学活动"反思性讨论"的目的在于分享知识和经验，从与其他小组的分享中获得知识和经验，并未关注学生知识与学习方法的总结归纳。

综上所述，在教育教学过程中不仅要注重学生学习活动的参与度，还要回顾学习过程，形成自身有效的学习方法，而ADI教学模型更多的是关注论证探究过程，却缺少对学习过程的回顾以及认知学习过程，缺少总结知识、搭建知识框架的训练，从而难以形成完整的知识体系。所以，要将ADI教学模型应用于高中化学实验教学实践中，需要对其进行调整。

2.调整ADI教学模型

基于上述分析得出，在实验教学过程中使学生不仅体会论证探究活动过程，还应加强学生对知识的总结归纳，回顾探究过程与论证过程，利于学生认知学习过程，掌握学习策略，深化对所学知识的理解，形成完整的知识体系。所以对ADI教学模型进行调整应保持其探究和论证教学活动，将撰写和修改研究报告教学活动调整为总结归纳所学知识与学习方法。对ADI教学模型的各阶段教学活动结合高中化学教学实际调整并精简其教学活动，教学活动阶段调整为论证驱动实验探究阶段、论证阶段以及总结归纳阶段。

对ADI教学模型调整应用于高中化学实验教学的具体情况为从原有的八个

步骤调整为：① 识别探究任务和问题，结合已有认知提出预测；② 设计实验方案和进行探究实验，观察实验现象，收集实验数据；③ 小组分析实验数据，展开组内初步论证；④ 开展组间论证会议；⑤ 反思总结，回顾所学知识与教学活动，搭建知识与知识间的联系并理解学习方法。具体调整后的ADI教学模型如图3-1所示。

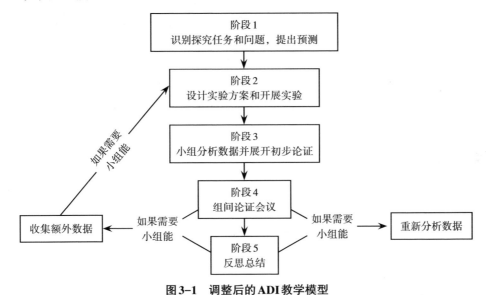

图3-1 调整后的ADI教学模型

调整后的ADI教学模型共五个阶段，减少了原版ADI教学模型中的研究报告书写与修改以及双盲评审教学活动，强化了反思总结阶段。如此调整使得教学模式更为精简，着重突出了教学活动中的论证、探究过程以及反思总结过程，利于学生连续进行完整的学习过程，即认知识别任务、进行论证与探究过程获得知识、通过反思总结学习过程强化对学习方法的理解以及反思总结所学知识搭建知识体系以便深化理解。

3. 调整后的ADI教学模型应用策略

调整后的ADI教学模型更为关注教学活动中的论证、探究过程以及反思总结学习过程，在这三个主要的教学活动中可采取的教学策略为"方案竞争"策略、"支架引导"策略和"创建流程图"策略。具体策略从教师与学生活动的角度阐述如下。

"方案竞争"策略。教师在引导学生明确学习任务后，引导学生以化学实验小组为单位，以"同主题、多方案"的形式营造"方案竞争"的课堂，学生通过提出不同的主张并设计不同实验方案进行"竞争"。在学习过程中学习小组分享实验方案，接受其他小组的质疑和批判，通过小组间论证确定可操作性较强的实验方案。

"支架引导"策略。教师在开展ADI教学活动时，为学生提供"支架"，引导学生进行论证过程。"支架"主要分为四个部分：主张、论据、解释以及论证过程。学生在学习活动中以小组为单位提出小组主张、分析论证主张需要收集的相关数据、设计实验方案并开展实验收集相关数据、小组进行初步解释、梳理推理过程以及在论证会议活动后总结出小组详细解释。

"创建流程图"策略。在ADI教学活动的反思与总结阶段，教师引导学生通过搭建论证–探究流程图的形式回顾学习过程，同时引导学生梳理知识框架，以帮助学生认识到通过ADI教学活动收获了什么以及如何实现的。学生尝试以流程图形式梳理论证–探究过程，认知学习方法。其中论证–探究流程图示例如图3-2所示。

图3-2 论证–探究流程图

调整后的ADI教学模型共五个阶段，将"方案竞争"策略、"支架引导"策略以及"创建流程图"策略应用于ADI教学活动中并非始终应用或均匀分布的，而是分散于ADI教学活动的各阶段中，所以接下来将从ADI教学活动的各阶段具体操作策略阐述。

① 识别探究任务和问题阶段（约5分钟）。从此阶段开始学生活动均以小组形式开展，教师应先进行科学分组。在课前，教师应基于课程标准、实验探究教学内容以及学生已有的生活经验、知识与能力，结合各类教学资源，对教学内容进行整合处理。教师需要明确实验探究教学过程中需要探究的任务和问题并创设真实的、贴近学生生活的、有探究意义的教学情境，如进行氯气的性质探究实验中，教师可应用关于氯气性质的谣言"在自来水中加大氯气注入来杀灭新冠病毒"创设教学情境。课中，教师以情境导入的方式开展导课环节，同时辅以问题引导学生思考，学生在教师的引导下结合教学情境明确需要论证与探究的任务与问题，并结合已有知识与经验提出预测，小组经过初步分析预测，提出小组预测并填写教师提供的"论证–探究过程记录表"（见附录一）。

② 设计实验方案和开展实验（25～30分钟）。各小组基于上一阶段提出的

预测，结合已有知识与经验，分析进行论证与探究预测所需要开展的探究实验及所需获得的实验数据，即以论证驱动探究过程，如小组提出预测"氯气具有氧化性"，则在此阶段学生需要分析如何进行实验探究获得氯气具有氧化性的相关数据，确定探究实验方案，收集实验数据。在开展小组实验前，教师要求小组写出完整的实验方案于"实验方案与记录表"（见附录二），通过小组分享实验方案，其他小组提出质疑与反驳后，开展实验方案论证过程，确定较为合理的实验方案，若存在不合理之处，教师引导学生进行调整。学生按照小组确定的实验方案开展实验并记录，在学生开展实验并收集实验数据时，教师巡视各小组实验情况，规范小组实验操作，指导各小组进行实验探究，同时了解学生实验开展情况。

③ 小组分析数据并展开初步论证阶段（10～15分钟）。各小组共同分析探究实验收集的实验数据，尝试利用数据论证小组提出的预测并填写论证探究过程表。论证过程为：小组提出的预测、收集的实验数据、实验数据能推出什么、得到的实验结论是什么。教师可利用问题引导学生分析实验数据与预测之间、实验数据与结论之间的关系，帮助学生体会论证探究过程，如学生提出预测"氯气具有氧化性"，学生使用钠、铁等具有还原性的物质进行实验探究，收集到的实验数据为：氯气与钠反应，燃烧剧烈，产生大量白烟，放出大量的热，产生光亮的黄色火焰；氯气与铁反应，剧烈燃烧，放出大量的热，产生棕黄色的烟，加入水后溶液呈棕黄色。教师提问学生："这两个反应生成的物质是什么？如何分析反应的微观实质？氯气体现的化学性质是什么？"学生可以推出氯气与钠、铁反应生成氯化钠、氯化铁，再利用氧化还原反应原理进行分析，可发现反应实质为钠与铁失去电子，氯气得到电子，进而得出氯气具有氧化性。学生通过这一系列教学活动可以体会以论证驱动探究，再利用实验探究所得数据进行论证的过程。

④ 组间论证会议阶段（20～25分钟）。各小组通过详细分析论证后由小组代表阐述论证过程与所得结论。小组代表阐述后，教师与其他小组提出问题，汇报小组成员进行解释辩护，若存在问题则进行修改。每个小组均进行论证会议中阐述论证过程与结论过程，经历接收质疑、解释与反驳质疑、修改论证等过程。此过程中提问应重点关注学生论证过程中宏观现象与微观解释，引导学生从"宏观－微观－符号"三重表征角度认识和理解化学知识。同时，若学生论证过程存在问题或所得出结论有误时，教师应引导学生发现问题并通过思考解决问题，而不是直接给出问题答案。

⑤反思总结阶段（10～15分钟）。此阶段教学活动的目的在于引导学生回顾学习过程同时整理出论证-探究流程图，即整理论证驱动探究、探究实验数据用于论证的过程，着重引导学生体会论证过程。此外，通过学习过程的回顾再次梳理知识并通过搭建知识框架形成知识网络体系。学生需要阐述论证探究过程，回答学习了什么知识、所学知识的联系、学习过程中存在的不足之处是什么、如何改进不足之处等内容。

三、适合应用ADI教学模型的化学实验内容

ADI教学模型强调论证与探究相结合，注重学生学习过程中主动参与探究活动与论证活动中，对于教学内容的探究和论证的氛围要求较高，所以即使化学实验教学中也要求探究与论证，ADI教学模型也不是适用于所有化学实验教学内容。应用ADI教学模型的实验教学课题应尽可能具备以下特点：①属于探究性实验而不是验证性实验或测量数据类实验，并且实验现象可观察或者可测量，能够为学生提供真实有效的信息（若是因实验室条件限制导致难以通过测量获得数据等时，教师可以通过科学资料卡片的形式给出），有助于学生在论证主张过程中获得所需论据；②实验的探究性与论证性强，利于进行探究与论证活动；③探究实验的重点问题水平在学生最近发展区，教学问题的提出符合学生的认知水平，同时也具备一定的深度，即教学问题的提出要符合学生已有知识经验基础，能够利于学生建立已有知识与新知识间的联系；④实验内容所蕴含的知识点间的逻辑清晰且关联性强，有助于学生搭建完整的知识框架的同时更全面系统掌握所学知识。根据以上教学内容所需具备的特点，对人教版2019版高中化学必修第一册与第二册教材中的实验内容按照主题进行对比分析（如探究氯气的性质实验、钠与水的反应），梳理出适合应用ADI教学模型的化学实验内容。见表3-2。

表3-2　适合应用ADI教学模型的实验内容梳理

实验内容主题	实验重点	实验主要环节	实验论证性
探究离子反应的实质	将宏观现象与微观本质结合，利用归纳论证的方法认识离子反应的本质	①提出预测（离子反应的实质）；②设计实验方案，收集实验现象，检测电导率；③归纳推理总结离子反应实质	论证内容丰富（离子反应可分为离子互换型和氧化还原型）

表3-2（续）

实验内容主题	实验重点	实验主要环节	实验论证性
探究钠与水的反应	从物质组成及氧化还原反应角度预测钠与水反应的生成物	① 提出预测（生成物）； ② 设计探究实验方案，收集数据； ③ 论证预测	论证内容单一（钠与水反应的生成物：NaOH、H_2）
探究氯气的性质	从物质组成、氧化还原反应及原子结构角度预测氯气的性质；探究氯水的组成与性质	① 提出预测（氯气的化学性质以及氯水的组成与性质）； ② 设计探究方案，观察实验现象，收集相关科学资料； ③ 实验探究与科学资料分析结合论证预测	论证内容丰富（氯气有强氧化性，与水、碱反应时，同时体现出氧化性与还原性、氯水的组成复杂）
探究碱金属化学性质的比较	结合原子结构特点，预测碱金属间相似的化学性质	① 提出预测（碱金属锂、钠、钾元素化学性质）； ② 实验观察、分析； ③ 分析实验现象，推理论证预测	论证内容单一（碱金属元素化学性质相似性和递变性）
探究用化学沉淀法去除粗盐中的杂质离子	用化学沉淀法去除粗盐中的 Ca^{2+}、Mg^{2+} 和 SO_4^{2-}。探究去除杂质离子顺序，论证归纳粗盐除杂方法	① 提出预测（粗盐中杂质离子的去除顺序）； ② 设计实验，收集实验数据； ③ 对比论证，推理判断预测； ④ 总结归纳粗盐除杂方法	论证内容丰富（粗盐中杂质离子去除顺序有多种排序情况）
探究原电池的构成与工作原理	通过对比实验探究原电池的构成条件，通过宏观现象与微观实质结合分析原电池工作原理	① 根据原电池的构成要素，设计对比探究实验； ② 开展实验，观察实验现象； ③ 解释实验现象，分析原电池工作的微观实质	缺乏论证内容（可直接通过探究实验分析出原电池的构成条件与工作原理）
探究化学反应速率的影响因素	利用控制变量法，探究温度、浓度、催化剂对化学反应速率的影响	① 利用控制变量法，设计实验方案； ② 开展实验，收集实验数据； ③ 分析实验数据，对比不同因素对化学反应速率的影响	论证内容丰富（不同条件对化学反应速率的影响）

通过对比分析，可以发现在人教版2019版高中化学必修教材中适合应用ADI教学模型的探究实验主题如下：① 探究离子反应的实质；② 探究氯气的性质；③ 探究用化学沉淀法去除粗盐中的杂质离子；④ 探究化学反应速率的

影响因素。

按照化学知识类型划分，离子反应实质属于化学原理性知识，氯气的性质属于化学事实性知识，用沉淀法去除粗盐中的杂质离子属于化学技能性知识，化学反应速率的影响因素属于化学事实性知识。因化学事实性知识、化学原理性知识与化学技能性知识是化学知识的"骨骼"，是化学知识体系中极为重要的组成部分，所以本研究将分别选择一个化学事实性知识、一个化学原理性知识以及一个化学技能性知识进行教学案例设计。由于三个教学设计内容存在教学先后之分，其教学相隔一定的时间，故而在教学实践中可根据教学进度选择三个教学设计案例之一进行实践。

其中"离子反应"位于人教版高中《化学》必修第一册第一章第二节且属于化学原理性知识，"氯气的性质"位于人教版高中《化学》必修第一册第二章第二节且属于化学事实性知识，"化学反应速率的影响因素"位于人教版高中《化学》必修第二册第六章第二节且属于化学事实性知识，"探究用化学沉淀法去除粗盐中的杂质离子"位于人教版高中《化学》必修第二册第五章实验活动4且属于化学技能性知识。本研究将选择"探究离子反应的实质"、"探究氯气的性质"以及"探究用化学沉淀法去除粗盐中的杂质离子"进行实验教学设计。

四、基于调整后ADI教学模型的高中化学实验教学设计

1. "探究氯气的性质"实验教学设计

（1）教学内容分析

① 本节教材的地位。

本节教学内容为人教版2019版高中《化学》必修第一册第二章第二节"氯及其化合物"第一课时的内容。氯及其化合物的学习是学生高中阶段学习的又一重要元素化合物知识，该部分涉及的知识不仅是高中化学元素化合物知识中的重要板块，也是学生生活和工作中需要了解的基本知识。

② 本节教材的作用。

本节内容的学习过程中关注含氯化合物之间的转化，构建不同价态物质间的转化关系，可加强学生对氧化还原反应与离子反应原理的应用。同时在形成非金属单质及其化合物的研究思路和方法的过程中巩固认识金属元素及其化合物的思路和方法，起到承上作用。此部分的学习是对元素化合物知识的积累及

其学习思路和方法的掌握，对后续学习铁及其化合物、元素周期律等知识奠定基础，起到启下作用。

（2）学情分析

① 起点知识分析。

在初中化学阶段，学生已接触了一些含氯的物质并学习了其性质，如HCl、NaCl等，初步了解了物质性质的学习思路以及探究实验方法。在高中化学中，学生在上一节金属钠及其化合物的学习中，认识了如何学习元素化合物知识，知道应从原子结构、物质分类、化合价变化等角度研究元素化合物知识，并了解设计实验探究物质的性质的方法。但是对于水溶液中物质的组成以及物质自身发生氧化还原反应等知识了解不够，并且利用宏观现象分析微观本质的方法应用还存在困难。

② 起点能力分析。

学生经过初中化学以及前面章节的学习，具备了一定的分析问题和解决问题的能力，掌握了一些实验的基本操作，有一定的实验探究能力。但学生对于氯气的性质只会从宏观现象角度判断，缺乏从微观角度的深层次分析的能力，未掌握研究微观问题的思路和方法，且抽象思维能力不强。

因此，教师在实验探究教学过程中通过问题引导学生利用宏观现象分析微观本质，利用离子反应与氧化还原反应原理分析反应实质并分析反应产物，帮助学生掌握学习方法并提高学生能力。

（3）教学目标

① 通过阅读舍勒发现氯气的化学史资料以及氯气泄漏事故处理资料，利用分析归纳法认识氯气的物理性质。

② 通过从原子结构特点、物质类别、元素化合价等角度预测氯气的化学性质，设计并开展探究实验探究氯气的强氧化性，观察氯气与非金属单质、金属单质反应现象，分析论证预测，从微观角度出发结合氧化还原反应原理分析氯气与金属、非金属单质反应的实质并用化学语言表达，同时通过对比分析氯气与金属、非金属单质反应与氧气为助燃剂的燃烧反应归纳总结燃烧的实质。

③ 通过阅读氯水具有漂白性发现史，预测氯气与水反应的实质，从预测出发设计探究实验并开展实验，收集实验现象并论证预测，从氧化还原反应原理与离子反应原理出发认识氯气与水的反应实质、氯水的组成并用化学语言表达，同时结合氯气与水反应的实质学习，进一步认识氯气与碱的反应。

④ 通过氯气性质实验探究及氯气用途的学习，体会论证探究学习方法，

感受论证驱动探究的学习过程。

（4）评价目标

① 通过对氯气的性质进行探究与论证，诊断并发展学生的探究能力和论证能力。

② 通过从氯气与金属单质、非金属单质、水、碱反应的宏观现象到微观本质分析再到用符号表征反应原理，诊断并发展学生宏观辨识与微观探析水平。

③ 通过分析氯气的化学史、氯气泄漏的处理办法以及归纳总结氯气的性质与用途，培养学生的科学态度与社会责任。

（5）教学重难点

① 教学重点：氯气的强氧化性、氯气与水反应。

② 教学难点：氯气与水反应。

（6）教学方法

论证探究式教学、小组合作学习法、多媒体辅助教学、实验教学。

（7）实验药品与仪器

① 实验药品：氯气、氢气、金属钠、铁丝、铜丝、蒸馏水、稀盐酸、pH试纸、NaOH溶液、澄清石灰水等。

② 实验仪器：试管、胶头滴管、镊子、坩埚钳、点滴板、玻璃棒、有色布条、有色鲜花、酒精灯、铁架台等。

（8）教学过程（表3-3）

表3-3　探究氯气的性质教学过程

教学环节	教师活动	学生活动	设计意图
新课导入	【新闻事件】2023年3月18日，维罗纳省博斯科基耶萨努瓦市的游泳池被混入化学药剂，泳池水面形成黄绿色云，导致当时在体育设施中的成年人与未成年人感到不适甚至中毒，最终登记中毒者多达25人，其中有9名儿童。 【提问】导致人们中毒的气体是什么？如果你当时在场，可如何避免或减轻中毒？ 【展示】向学生展示盛有氯气的集气瓶。	【阅读资料】 【思考并回答】 氯气，应以湿毛巾捂住口鼻…… 【回答】 氯气物理性质：黄绿色气体，观察所得……	通过新闻事件引起学生兴趣； 通过问题引导学生回顾已有经验
新课导入	【提问】氯的物理性质有哪些？确定其物理性质的方法是什么？		

表3-3（续）

教学环节	教师活动	学生活动	设计意图
过渡	我们通过阅读资料和新闻事件学习了氯气的物理性质，那么我们继续学习氯气的化学性质	【关注】	过渡，引导学生关注后续学习内容
识别探究任务和问题	【提问】 1. 氯气可能的化学性质是什么？预测角度是什么？ 2. 如何证明？设计实验方案。 【引导补充】除了从物质类别与原子结构角度预测氯气具有强氧化性，还可以从什么角度进行预测呢？ 通过举例自然界中常见的含氯元素物质的化合价，如氯化钠、氯化镁等物质中的氯元素化合价引导学生总结，还可以从元素常见化学价角度预测物质化学性质。 【引导学生分析实验方案并确定最终实验方案】 氯气与金属单质、非金属单质发生化学反应，如氯气与金属钠加热，氯气与氢气点燃	【思考并回答】 氯气具有强氧化性。预测角度为： ① 物质类别。 ② 原子结构。 【思考归纳】 可从元素常见化学价角度预测物质化学性质。 【设计实验方案并分析总结】	加强学生识别问题、分析问题、解决问题的意识，提高学生设计实验验证预测意识
开展实验并收集数据	【播放实验录像】金属钠、铁、铜在氯气中燃烧以及在氯气中点燃氢气的相关实验视频	观察实验现象	学生学会观察实验现象
建构初步论证	【提问】 1. 收集的实验数据说明了什么？ 2. 实验现象说明的化学反应实质是什么？为什么？如何推出？	【解释实验现象】 氯气具有强氧化性……	分析、得出结论
过渡	那么氯气除了具有强氧化性之外，是否还具有其他化学性质呢？接下来我们继续阅读资料	【关注】	引起学生关注后续教学内容
识别探究任务和问题	【新闻事件】2023年3月18日，维罗纳省博斯科基耶努瓦市的游泳池被混入化学药剂，泳池水面形成黄绿色云，导致当时在体育设施中的成年人与未成年人感到不适甚至中毒，最终登记中毒者多达25人，其中有9名儿童。	【阅读资料】 【识别问题提出预测】	通过阅读资料，合作交流，训练学生的阅读能力，提高学生识别探究任务的意识与能力

表3-3（续）

教学环节	教师活动	学生活动	设计意图
识别探究任务和问题	同时部分人员发现湿润的衣服颜色变浅了，而身着干燥衣物的人员衣服颜色无明显变化。 【资料卡片】次氯酸的相关资料 【提问】 　1. 为何用湿毛巾捂住口鼻能有效防止氯气中毒？ 　2. 氯水与水是否发生化学反应？如何证明？设计实验收集实验数据，并分析反应实质，用化学方程式进行表达。 　3. 新制氯水的组成是什么？ 　4. 为什么部分人员衣物颜色变浅？现场的什么成分具有漂白性？如何以实验证明？	【小组讨论】 　设计实验方案并探讨实验方案合理性	
分析数据和展开初步论证	【提问】 　1. 收集的实验数据说明了什么？ 　2. 实验现象深层的化学反应实质是什么？为什么？如何推出？ 　3. 如何支持小组提出的预测？若预测存在问题，那么实验数据推出的结论是什么？为什么？如何推出？	【小组展开论证】 　实验数据说明氯气与水发生反应，但反应不完全，氯气与水反应的实质是氯气与水反应生成氯化氢和次氯酸……	引导学生利用实验探究所得数据，展开论证过程，体会论证的过程，提升学生论证思维能力
论证会议	【指导论证会议】 　通过问题、总结等话语调控小组论证过程。 如氯气与水反应的实质是什么？ 哪些实验数据能证明呢？ 有没有小组提出质疑？ 如何反驳其他小组的质疑？ 实验结论是什么？	【组间论证】 　小组代表进行论证会议	通过论证会议提高学生沟通交流能力、形成以证据支持自己主张以及反驳他人主张的意识
反思总结	【提问】 　1. 绘制本节内容的论证-探究流程图。 　2. 本节课收获了什么？ 　3. 所学内容是如何进行学习的？ 　4. 论证探究过程中存在的不足是什么？如何改进？	【绘制流程图】 【反思总结】	通过绘制论证-探究流程图梳理知识点及回顾论证探究学习过程，认知学习过程

2."探究离子反应的实质"实验教学设计

（1）教学内容分析

① 本节教材的地位。

本节教学内容为人教版2019版高中化学必修第一册第一章第二节"离子反应"的第二课时的内容。离子反应是学生进入高中学习接触的第一个理论性知识，在中学阶段学习理论性知识的学习中起奠基作用，是中学化学教学的重点和难点之一。本节内容不仅在今后学习元素及其化合物、原电池与电解池等知识的学习中具有重要作用，也是学生需要了解与应用的基本知识。

② 本节教材的作用。

本节内容上承初中化学中酸、碱、盐等基础知识以及复分解反应，下启电化学以及水溶液中离子平衡等知识的学习，在高中化学学习中起纽带作用。本节内容在物质分类之后，可通过离子反应加深物质分类与物质性质的关系认识，本节所涉及的宏观现象与微观实质相结合并进一步抽象化学认知模型的学习方法为今后化学学习奠定坚实的方法论基础。

（2）学情分析

① 起点知识分析。

在初中化学阶段，学生已初步了解和认识了常用的酸、碱、盐的定义与性质，认识了复分解反应发生的实质以及典型特征等知识。在高中化学学习中，深入地学习了物质的分类，认识了从物质分类角度分析化学反应规律，且在"离子反应"第一课时中，学习了电解质与非电解质的定义，了解了电离过程，但尚未了解离子反应的本质。

因此，教师在教学过程中需通过引导学生分析离子反应的本质，并加强离子反应方程式书写练习。

② 起点能力分析。

学生经过了初中阶段化学学习后，具备了一定的分析问题和解决问题的能力，掌握了一些实验的基本操作，有一定的实验探究能力。学生基于已有认知能理解宏观现象较明显的离子反应，如生成气体和沉淀等反应，但有些反应中无明显现象时学生较难理解，难以从微观角度的深层次理解，抽象思维能力不强。

因此，教师在教学过程中不仅要注重引导学生将直观的宏观现象与微观本质结合，还要注重引导学生从电导率变化等实验现象分析离子反应的本质。

（3）教学目标

① 通过分析 Na_2SO_4 与 $BaCl_2$、$BaCl_2$ 与 $NaNO_3$ 之间反应的实验现象，从宏观

现象、微观本质、符号表征三个水平上认识离子反应的本质。

②通过对多个离子反应现象的分析认识离子反应本质并总结离子方程式的书写规则与步骤，初步建立起离子反应的认知模型，掌握书写离子方程式的方法。

③通过设计探究实验，结合实验现象分析离子反应发生的条件，体验科学探究的过程。利用离子反应解决生活中的实际问题，感受生活中的化学。

（4）评价目标

①通过学生从Na_2SO_4与$BaCl_2$、$BaCl_2$与$NaNO_3$反应的实验现象与微观实质的分析，判断学生宏观、微观、符号三重表征水平，诊断并发展学生的宏观辨识与微观探析核心素养。

②通过探究离子反应发生条件，总结离子方程式的书写规则与步骤，诊断并发展学生科学探究核心素养，利用宏观-微观-符号三重表征离子反应，诊断并发展学生的证据推理与模型认知核心素养。

（5）教学重难点

①教学重点：离子反应的概念及其发生的条件。

②教学难点：离子反应方程式的书写。

（6）教学方法

论证探究式教学、小组合作学习法、多媒体辅助教学、实验教学。

（7）实验药品与仪器

①实验药品：稀盐酸、稀硫酸、NaOH溶液、澄清石灰水、$AgNO_3$溶液、Na_2SO_4溶液、$BaCl_2$溶液、锌粒、石灰石、紫色石蕊试液、无色酚酞等。

②实验仪器：试管、胶头滴管、镊子、万用表或电导仪等。

（8）教学过程（表3-4）

表3-4　探究离子反应的实质教学过程

教学环节	教师活动	学生活动	设计意图
新课导入	【离子检验实验】 检验Ag^+、SO_4^{2-}离子应采用的试剂是什么？为什么？实验操作步骤与预测的实验现象是什么？ 【演示实验】 ①向稀硝酸酸化后的待测液中滴加少量氯化钠溶液。 ②向待测液中滴加适量氯化钡溶液。	【思考】 观察实验现象 【思考并回答】	通过回顾旧知，建立与新知识间的联系，再以直观的实验现象引导学生分析微观本质

表3-4（续）

教学环节	教师活动	学生活动	设计意图
新课导入	【提问】 观察到的实验现象是什么？这说明了什么？反应的实质是什么？请书写其化学反应方程式。		
识别探究任务	【提问】 1. 什么是离子反应？离子反应发生的条件是什么？ 2. 如何论证所提出的预测？	【思考】 【小组讨论】	帮助学生明确学习任务
设计实验方案和开展实验	【提出要求】设计实验，利用稀盐酸、稀硫酸、NaOH溶液、澄清石灰水、AgNO₃溶液、Na₂SO₄溶液、BaCl₂溶液、锌粒、石灰石、紫色石蕊试液、无色酚酞等药品探究离子反应的本质，观察实验现象并回答上述问题。 【引导学生分析实验方案】分析实验方案合理性 【巡视学生实验过程】	【设计实验方案】 【讨论交流】 【进行实验】	通过实验方案设计与实验操作，提高学生实验探究与实践能力
分析数据和展开初步论证	【提问】 1. 收集的实验数据说明了什么？ 2. 实验现象深层的化学反应实质是什么？为什么？如何推出？ 3. 如何支持小组提出的预测？若预测存在问题，那么实验数据推出的结论是什么？为什么？如何推出？	【小组展开论证】	引导学生利用实验探究所得数据，展开论证过程，体会论证的过程，提升学生论证思维能力
论证会议	【指导论证会议】 通过问题引导学生注重分析离子反应的本质以及总结离子反应的条件。 1. 反应生成的沉淀是什么？ 2. 是通过什么离子结合而成的呢？ 3. 两种含电解质的水溶液混合后离子的数目有什么变化呢？ 4. 离子反应的本质是什么？ 5. 离子反应发生的条件是什么？ 【追问】可用以下问题提问引导学生关注论证过程。 1. 哪些实验数据能证明呢？	【组间论证】 小组代表进行论证会议，回答教师所提出的问题。组间可以解释与反驳等活动	通过论证会议提高学生沟通交流能力、形成以证据支持自己主张以及反驳他人主张的意识

表3-4（续）

教学环节	教师活动	学生活动	设计意图
论证会议	2.有没有小组提出质疑？ 3.如何反驳其他小组的质疑？ 4.实验结论是什么？		
识别问题	【提问】我们已经了解了离子反应的实质与反应条件，那么离子反应如何进行表达？书写规则与步骤是什么？	【思考】 【讨论】	引导学生带着问题学习后续内容
展开初步论证，相互辩驳，完善结论	【提出要求】学生小组探讨，自学并总结归纳离子方程式的书写步骤。 【引导学生分析总结】 1.离子方程式书写规则与步骤。 2.可拆分为离子的物质总结在交流讨论中涉及	【讨论交流】 书写步骤为：先书写化学反应方程式，将能拆分的物质拆为离子，删除反应物与生成物中相同的离子，最后检查离子方程式。 【总结归纳】	学生通过自学离子反应方程式书写规则与步骤，提升自学能力，同时在交流与分享中加强生生间的学习，提升学生学习能力
反思总结	【提问】 1.绘制本节内容的论证-探究流程图。 2.本节课收获了什么？ 3.对所学内容是如何进行学习的？ 4.论证探究过程中存在的不足是什么？如何改进？	【绘制流程图】 【反思总结】	通过绘制论证-探究流程图梳理知识点及回顾论证探究学习过程，认知学习过程

3."探究用化学沉淀法去除粗盐中的杂质离子"实验教学设计

（1）教学内容分析

①本节教材的地位。

本节教学内容为人教版2019版高中《化学》必修第二册第五章实验活动4的内容。用化学沉淀法去除粗盐中的杂质离子是高中阶段学生学习的一个重要的综合实验技能知识，该部分内容涉及的知识不仅是除杂提纯中的重要方法——化学沉淀法的应用，还是在实际问题中应用离子反应原理解决化学问题的重要内容。

②本节教材的作用。

本节内容关注化学沉淀法的应用，强化在实际问题中应用离子反应原理分析和解决问题的思维方式，加强学生对离子反应原理的应用，起到承上作用。

在实验过程中学习用化学沉淀法进行提纯物质的方法以及强化学生实验操作技能，将理论与实践相结合，同时此部分的学习关注反应的本质，对后续学习原电池的电极反应等相关知识的学习奠定基础，起到启下作用。

（2）学情分析

① 起点知识分析。

在初中化学的学习阶段，学生已学习了除杂的基本方法与原则，初步了解了利用复分解反应原理除杂的思路以及探究实验方法。在高中化学学习阶段中，学生在学习蒸馏与萃取等实验时认识了如何分离溶于液体溶剂中的物质。但是学生对于化学沉淀法还缺乏准确认识，尚不能有效地使用化学沉淀法进行除杂操作，并且对化学沉淀法去除杂质离子的微观本质的认识还存在困难。

② 起点能力分析。

学生经过初中化学以及高中化学的学习，具备了一定的分析问题和解决问题的能力，掌握了一些实验中除杂的基本操作，有一定的实验探究能力。但学生对于去除粗盐中的杂质离子只会从复分解反应角度判断，缺乏从离子反应原理角度进行深层次分析反应的微观本质的能力，未掌握研究微观问题的思路和方法，且抽象思维能力不强。

因此，教师在实验探究教学过程中通过问题引导学生利用宏观现象分析微观本质，利用离子反应原理帮助学生掌握化学沉淀法去除粗盐中的杂质离子，帮助学生掌握学习方法并提高学生能力。

（3）教学目标

① 通过学习小组论证活动探究讨论确定以化学沉淀法去除粗盐中的杂质离子的实验方案。

② 通过实验收集相关实验数据，分析实验方案中化学试剂的添加顺序是否合理，小组间展开论证活动。

③ 按照梳理论证-探究流程图回顾论证探究过程并利用离子反应原理分析用化学沉淀法去除粗盐中的杂质离子的化学本质。

（4）评价目标

① 通过对化学沉淀法去除粗盐中的杂质离子探究实验方案的论证及探究实验收集的相关数据、论证化学试剂的添加顺序等活动的开展情况，诊断并发展学生的探究能力和论证能力。

② 通过离子反应原理分析用化学沉淀法去除粗盐中杂质离子的化学本质，诊断并发展学生宏观辨识与微观探析水平。

（5）教学重难点

① 教学重点：化学沉淀法去除粗盐中的杂质离子。

② 教学难点：确定化学试剂的添加顺序。

（6）教学方法

论证探究式教学、小组合作学习法、多媒体辅助教学、实验教学。

（7）实验药品与仪器

① 实验药品：粗盐、蒸馏水、0.1 mol/L $BaCl_2$溶液、20% NaOH溶液、饱和Na_2CO_3溶液、6 mol/L盐酸、pH试纸。

② 实验仪器：天平、药匙、量筒、烧杯、玻璃棒、胶头滴管、漏斗、滤纸、蒸发皿、坩埚钳、铁架台（带铁圈）、陶土网、酒精灯、火柴。

（8）教学过程（表3-5）

表3-5　探究用化学沉淀法去除粗盐中的杂质离子教学过程

教学环节	教师活动	学生活动	设计意图
识别探究任务和问题	【资料卡片1】食盐作为生活中常见的调味剂，杂质离子的存在会影响口感。 【资料卡片2】Ca^{2+}、Mg^{2+}、SO_4^{2-}的存在让食盐在使用过程中产生难溶物。 【资料卡片3】氯化镁、氯化钙、硫酸钠的存在会让粗盐易潮解，不易储存。 【资料卡片4】粗盐中杂质离子的过量摄入会对身体产生不良影响，如贫血、厌食、腹泻、腹痛等。 【提问】我们应如何去除粗盐中的杂质离子呢？提出该方法的依据是什么？	【阅读资料】 【思考并小组讨论】 可以加入试剂去除杂质离子，依据是复分解反应	以真实的问题情境导入课堂，引起学生学习兴趣的同时让学生从情境中明确学习任务
实验方案设计	那么接下来我们以小组为单位提出去除粗盐中Ca^{2+}、Mg^{2+}、SO_4^{2-}的实验方案。	【小组讨论】	学习小组提出小组主张
实验方案论证	【提问引导】如何判断各小组提出的实验方案是否合理？ 【引导补充】结合课本给出的添加试剂顺序，思考按照其他顺序加入试剂能否达到同样的目的？ 【引导学生分析实验方案并确定最终实验方案】 试剂加入顺序有多种选择，如： ① $BaCl_2$、NaOH、Na_2CO_3、过滤、HCl。	【思考】分析杂质离子是否被完全除去以及引入的新杂质是否除去。 【开展实验方案论证分析】 除杂质时所加试剂顺序要求是……	学生通过分析实验方案合理性，发展批判意识，强化论证思维

表3-5（续）

教学环节	教师活动	学生活动	设计意图
实验方案论证	② $BaCl_2$、Na_2CO_3、NaOH、过滤、HCl。 ③ NaOH、$BaCl_2$、Na_2CO_3、过滤、HCl		
开展实验并收集数据	【巡堂指导】观察学生完成实验情况，并给予适当的指导	【开展小组实验、收集数据】	提高学生实验技能，体验实验过程
建构初步论证	【提问】 1. 收集的实验数据说明了什么？ 2. 去除 Ca^{2+}、Mg^{2+}、SO_4^{2-} 对应的实验现象说明的化学反应实质是什么？为什么？如何推出？	【解释实验现象】 离子之间反应去除杂质离子，根据实验现象可以推测出对应的产物……	发展学生分析论证能力
论证会议	【指导论证会议】 通过问题、总结等话语调控小组论证过程。 如： 去除粗盐中的杂质离子的试剂添加顺序要求是？ 有没有小组提出质疑？ 如何反驳其他小组的质疑？ 实验结论是什么？ ……	【组间论证】 添加试剂顺序：$NaCO_3$ 必须在 $BaCl_2$ 之后加；过滤之后再加盐酸……	通过论证会议提高学生沟通交流能力、形成以证据支持自己主张以及反驳他人主张的意识
反思总结	【提问】 1. 绘制本节内容的论证-探究流程图。 2. 本节课收获了什么？ 3. 对所学内容是如何进行学习的？ 4. 论证探究过程中存在的不足是什么？如何改进？	【绘制流程图】 【反思总结】	通过绘制论证-探究流程图梳理知识点及回顾论证探究学习过程、认知学习过程

第四章　教学实践研究

本章将从实践出发，阐述教学实践研究的详细过程，主要内容包括研究对象、实验变量分析、研究工具、研究流程、教学实践过程以及研究结果与分析。

一、研究对象

本研究选取的研究对象为鞍钢高级中学一年级7班48名学生与11班46名学生，两个班级为同一化学教师任教，在教学实践中也是研究者授课班级。与班主任及化学教师沟通了解到，学生入学成绩平均分为7班62.3分，11班61.9分，从整体来看实验班与对照班为同年级同层次入学的高中一年级学生，同时也了解到两个班级的学生在积极参与学习的同时会主动帮助学习落后的同学，学生们喜欢化学实验课程，乐于参与实验探究活动中且动手操作能力强。

二、实验变量分析

1. 自变量：教学方法

实验组：以ADI教学活动开展化学实验教学。

对照组：进行常规实验探究教学。

2. 因变量：教学效果

直接效果：学生论证能力的提高、论证倾向的变化。

间接效果：学生化学学习兴趣提升、掌握论证探究学习策略。

3. 无关变量及其控制

无关变量：学生已有的知识经验、教学内容、教学进度等。

无关变量的控制：① 在教学前与化学教师根据学生日常作业及测试情况分析学生的已有知识与经验，在教学实践中从两个班级学生相同的已有知识与经验出发开展教学。② 本研究的两个班级教材均使用人教版高中《化学》必修第一册，其教学内容和进度均相同。

三、研究工具

1. 科学论证倾向量表

进行科学论证倾向测试调查问卷使用 Infante 和 Rancer[57] 编制的 Scientific argumentation scale（科学论证倾向量表），本研究使用的调查问卷在原有基础上稍修改了语言表达，详细内容见附录三。问卷中共有20道客观选择题，划分为倾向接受论证和避免接受论证两个维度，每个维度均为10道题，该问卷采用李克特五点量表的记分方式。学生科学论证倾向得分的计算方式为：科学论证倾向总分=倾向接受论证得分−避免接受论证得分，得分越高表明学生越倾向接受论证。

2. 论证能力测试题目的编制与评估标准

本书通过纸笔测验检测学生论证能力的变化，在参考国内外大量的科学论证测评和实证结果（如韩葵葵博士[58]以 Sampson 等人将论证方法和论证内容质量相结合的研究为基础来设计评价科学论证能力的量表）后，本书采用简答题的形式进行测验，因主要考查学生论证能力变化，所以参考 ADI 教学模型中论证过程问题设置。笔者完成试题编制后，征求导师和实习指导老师的建议进行修改，在修改完成后随机抽取10名学生（非实验组和对照组班级中的学生）进行测试，通过测试结果反馈以及与学生的沟通交流，再次修改试题，最后确定测试试卷。

论证能力测验前后测试卷包含3道简答题，其中每道简答题有2~4个小题，小题设置的维度主要涉及提出结论、说明得到结论的理由、提出反论点、反驳反论点的证据和理由，每道简答题为6分，总共18分。题目如表4-1所示，测试卷的详细内容见附录四和五。

表4-1　科学论证能力测试题

题号	测验（一）	测验（二）
1	绿矾受热分解	木炭与浓硫酸反应
2	离子成分推断	探究 K_2FeO_4 的性质
3	聚氯乙烯	温度对 AgCl 溶解度的影响

编制的试题评估标准。笔者选择基于Song[59]等学者提出的评价方式对学生论证能力进行评价。评价标准综合考虑了中学生科学论证能力模型的论证内容、论证方法和论证品质三个维度，根据学生提出的结论，说明结论的理由、所能想到的反论点以及反驳反论点的理由和证据四个方面对被试者每一道大题赋分，测验评分标准如表4-2[60]。

表4-2 科学论证能力评分标准

水平/分数	评分标准
1	提出一个简单的观点。论证过程中无法正确使用材料中的信息或所学知识
2	提出具有一个理由的观点。论证过程中基本可以正确使用材料中的信息或所学知识
3	提出具有多个理由的观点。有简单的对立观点和理由
4	提出具有多个理由的观点。有较强的对立观点和理由，出现单一的反驳
5	提出具有多个理由的观点或具有创造性的观点和理由。有较强的对立观点和理由，能对他人提出的质疑进行单一的反驳
6	提出具有多个理由的观点或具有创造性的观点和理由。有较强的对立观点和理由，能对他人提出的质疑进行多个反驳

四、研究流程

1. 实践前

首先，在鞍钢高级中学高一年级中选取化学学科入学成绩平均分相近的两个班级作为对照组和实验组，并与授课教师沟通了解两个班级学生学习的基本情况，主要涉及课堂学习风格、学生的已有能力与已有经验等。

其次，在教学实践前先对实验组与对照组两个班级的学生展开前测调查，以科学论证能力测验（一）和科学论证倾向量表作为前测工具，同时与授课化学教师开展沟通，了解班级教学时实验教学现状以及学生论证能力水平。

最后，根据两个班级的教学进度，选择教学实践的内容为人教版高中《化学》必修第一册第二章第二节"氯及其化合物"第一课时，结合学生的课堂学习风格以及学生的已有能力与经验对教学设计进行适当的修改。

2. 教学实践

在教学实践过程中，两个班级展开教学实践的具体情况如下。第一，教学实践期间注意控制无关变量，如使用的教材、教辅资料等均相同。第二，对照组开展常规实验探究教学，即引导学生明确学习任务、预测氯气的性质、设计实验方案验证预测、进行实验、记录并分析实验现象、得出结论；实验组开展ADI教学活动，即引导学生明确学习任务、关于氯气的性质提出主张、思考需要如何证明主张进而设计实验方案、进行实验、记录相关数据、进行初步论证、开展论证会议、反思并总结实验结论以及学习收获。

3. 实践后

后测调查在教学实践后对两个班级的学生进行统一的试卷测试以及问卷调查，调查的主要内容是论证能力、科学论证倾向。为获得有效的后测调查数据，后测调查开展时间设置为教学时间结束后的3~5天内完成。后测调查工具是科学论证能力测验（二）和科学论证倾向量表。收集调查数据后对数据进行整理与分析。此外，书面问卷评阅严格按照评分标准进行。

五、教学实践过程

教学实践需要进行学生已有论证能力与论证倾向调查作为前测数据，ADI教学实践教学后学生论证能力以及论证倾向调查作为后测数据，并进行ADI教学实践前测与后测对比。因教学实践应在学生已适应高中化学学习后，教学实践时间约在学期中段，教学内容也位于高中必修第一册教材中间内容，而"离子反应"一节位于必修第一册第一章，"氯气的性质"位于必修第一册第二章，所以本书以"探究氯气的性质"进行ADI教学实践活动。

1. 教学时间安排

本研究教学实践在高中一年级上半学期，时间为2022年10—12月，对照组和实验组的教学内容均为"探究氯气的性质"，在正式开展ADI教学活动前向实验组学生介绍ADI教学活动。ADI教学活动各阶段分为两个课时进行，其中分析数据和展开初步论证阶段安排学生在课余时间完成。具体安排如表4-3所示。

表4-3　ADI教学活动课时安排

课时安排	ADI教学活动阶段
第一课时（40 min） 实验方案设计与实施	阶段一：识别探究任务和问题阶段
	阶段二：设计实验方案和开展实验

表4-3（续）

课时安排	ADI教学活动阶段
课余时间完成（20 min）	阶段三：分析数据和展开初步论证阶段
第二课时（40 min） 论证与反思总结	阶段四：论证会议阶段
	阶段五：反思总结阶段

2. ADI教学活动实践实录片段

（1）教学片段1

师：（展示游泳池氯气中毒的新闻事件）同学们，游泳池水面形成的黄绿色气体是什么？如果你在现场，你将采取什么方式帮助大家防止中毒？

生1：已了解过的黄绿色气体只有氯气，所以我认为该气体是氯气。

生2：如果我在现场，我会告诉人们可以用湿衣物捂住口鼻。

师：为什么会想到用湿衣物捂住口鼻呢？

生2：因为在火灾时用湿毛巾捂住口鼻可以防止一氧化碳中毒，所以我认为可以用同样的方法防止氯气中毒。

师：回答得很棒，联系旧知识的能力很强！为了更全面地了解氯气，今天我们就开始学习氯气的性质。

师：老师手中就是一瓶氯气，同学们通过你们的观察说出氯气的物理性质并说明得知其物理性质的理由或方式。

生3：氯气是黄绿色、有毒、有刺激性气味的气体。颜色可通过观察得知，通过新闻事件可知氯气有毒，通过扇闻法可知道氯气的气味……

师：氯气还有其他物理性质吗？如何证明？

生：氯气的密度比空气大！因为泳池中黄绿色云是飘在水面上的。而且我知道氯气能液化，因为我看过压缩氯气的钢瓶……

师：对的，氯气易液化，同学们还有想要补充的吗？

生：（无声）

师：大家说得差不多了，那么一起来总结氯气的物理性质，它是一种……

生：黄绿色、有刺激性气味的有毒气体，氯气密度比空气大、易液化。

师：那么如果遇到氯气泄漏，除了用湿毛巾或衣物捂住口鼻，还可以如何紧急避险呢？理由是什么？

生：可以向高处转移人群，因为氯气密度大于空气。

师：回答得很精确，能够将所学知识应用起来，活学活用非常棒！

（2）教学片段2

师：同学们，我们应该如何证明氯气溶于水呢？

生：可以通过向装满干燥氯气的塑料瓶中加入水，再摇晃，观察瓶子的形状是否变瘪。

师：回答得很清晰，那么接下来请同学们以小组为单位，以桌面上装有氯气的塑料瓶与烧杯中的水进行小组实验，注意观察实验现象。

生：（小组实验）

师：同学们，你们观察到了什么？哪个小组代表分享一下？

生：（第一组先举手）

师：好的，请第一小组派代表分享。

第一组学生代表：我们观察到塑料瓶变瘪了，此外瓶中水的颜色先变化为无色，然后变为红色，接着又变为无色。

师：烧杯盛有的水中，老师滴加了几滴紫色石蕊试剂，那你接着分析这些现象说明了什么呢？

第一组学生代表：说明氯气是溶于水的，同时氯气与水应该还发生了化学反应，可能生成了酸。

师：分析得很准确，非常好，请坐。

师：那么同学们，我们应如何通过实验检测出氯气与水反应生成的产物是什么呢？首先请大家以小组为单位讨论3分钟，预测氯气与水反应可能生成的物质以及基于你们提出的主张，明确所需收集的实验数据，设计实验方案。

生：（小组讨论）

师：3分钟时间到了，同学们提出的主张是什么？设计的实验方案是什么呢？现在请各小组代表依次汇报讨论结果。

第一组学生代表：我们认为生成了氯化氢，所以实验方案为检验氢离子和氯离子的操作。

第二组学生代表：我们认为生成了氯化氢和一种具有漂白作用的物质，可是我们无法确定另一新物质的检验方法，所以实验方案为检验氢离子和氯离子，此外计划在实验后查阅相关资料。

第三组学生代表：我们认为生成了氯化氢和一种氯元素的含氧酸，因为氯气与水在生成氯化氢的过程中，化合价降低了，那么就意味着还有元素发生化合价升高，可能因为未观察到有气体生成，所以可能是氯元素化合价升高，生成了一种氯元素的含氧酸，但是我们也无法确定其检验方法，所以实验方案为检验氢离子和氯离子。此外计划在实验后查阅相关资料。

第四组学生代表：我们认为氯气与水反应生成了氯化氢和一种未知物质，同时我们猜测是否氯气具有漂白性，于是我们的实验方案为检测氢离子与氯离子，检测氯气是否具有漂白性。

师：每个小组都考虑得非常好，方案设计也很有效。接下来以小组为单位开展实验并初步论证实验结果5分钟，同学们可以利用桌上的药品进行实验，此外还可以参考其他小组的实验方案，思考其他小组为什么那样设计实验方案，以此来补充自己小组的实验方案。

生：（开展实验，进行初步论证）

师：（巡堂指导）

师：时间到了，接下来是小组分析实验结果并论证环节……

生：（小组分享并论证，此处仅记录第一组的论证过程）

第一组学生代表：我们组在本小组实验的基础上还参考了第四组的实验方案，通过石蕊试剂检测到氯气与水反应生成了氢离子，通过硝酸银溶液检测到氯离子，通过向干燥的氯气中放入湿润的pH试纸，发现氯气具备漂白性。

第四组学生代表：第一组判断氯气是否具漂白性实验时，并未形成对比实验，无法证明氯气具备漂白性。我们小组是向干燥的氯气中放入湿润的pH试纸和干燥的pH试纸，发现干燥的pH试纸未褪色，说明氯气不具备漂白性，所以我们同意第三组的看法，认为氯气与水反应还生成了一种氯元素的含氧酸。

师：大家的论证很是精彩，也将整个实验分析得很到位了，我们一起来总结一下：氯气与水反应生成了氯化氢和一种氯元素的含氧酸，此外氯气不具漂白性。那么这种氯元素的含氧酸究竟是什么呢？我们一起看资料卡片。

生：（阅读资料卡片）

师：所以氯气与水反应生成了氯化氢和次氯酸。

（3）教学片段3

师：同学们，老师手中有一支红玫瑰，可是我想得到白玫瑰，我应该怎么办呢？为什么？

生：可以放入氯水中，因为在氯气与水反应的过程中，可以看到滴加了石蕊的水中通入氯气，溶液先变红，后又褪色了，那这就说明氯水具有漂白性，可以将红玫瑰变为白玫瑰。

师：阐述得很清晰，非常不错。那么发挥漂白作用的物质是什么呢？如何证明？

生：（无声）

师：像氯水这样的组成较为复杂的混合物中，要确定某一成分的性质，我们应该怎么办呢？

生：可以逐一对比分析。

师：很好，通过对比分析，我们就能锁定某一组成成分所具备的性质。那么我们如何确定发挥漂白作用的物质是什么呢？大家讨论2分钟。

生：（思考与讨论）

师：（巡堂指导……）

师：好的，讨论结束。接下来以小组为单位开展10分钟分组实验，每个实验小组利用桌面上的实验仪器与药品设计实验方案并开展试验，注意完成表格填写，梳理实验步骤，记录实验现象并对实验现象进行分析论证，最后以小组为单位进行成果展示。

生：（设计实验方案、开展实验、分析实验现象……）

师：（巡堂指导……）

师：好的，时间到了，同学们已经按照各小组设计的实验方案完成了实验，并填完了表格，接下来请小组代表进行展示，哪个小组先发言呢？从小组预测、实验方案、实验现象、实验现象说明了什么？预测是否正确？若不正确，结论应是什么？如何得知？

生：（第二组先举手）

师：好的，请第二小组派代表分享。

第二组学生代表：通过分析老师提供的资料，我们小组的预测是氯气不具有漂白作用而氯水具有漂白作用。实验方案为将两朵干花分别放入湿润氯气与盛干燥氯气的集气瓶中，观察实验现象。实验现象为：盛有干燥氯气的集气瓶中的干花无明显变化，盛有湿润氯气的集气瓶中干花逐渐褪色。我们小组的解释是氯气无漂白作用，氯气溶于水形成的氯水具有漂白作用。

第三组学生代表：你们小组的实验方案只能证明氯气不具有漂白作用，但尚未说明是氯水中的什么物质具有漂白作用。

师：两个小组都说得很不错，但也给我们留下了一个疑问，究竟是什么物质具有漂白性呢？结合前面分析的氯气与水的反应以及氯水的组成，哪个小组能回答第三小组同学所提出的问题呢？

生：（第五组先举手）

师：好的，请第五小组派代表分享。

第五组学生代表：氯水的组成中 H_2O、H^+ 以及 OH^- 不具有漂白性，就只余下 Cl^- 和 ClO^- 不确定是否具有漂白性了……

师：很好，问题已经简化了，那么我们只需要以实验验证是两种离子中的哪一种具有漂白性即可，那么通过什么方法可以确定是什么离子具有漂白性呢？

第五组学生代表：（无声）

第三小组学生举手：可以将有色的布条放入盐酸中，观察布条是否褪色即可。

师：非常简便的实验方案，那就由老师来进行演示实验，大家观察实验现象。

生：布条没有褪色，说明 Cl^- 不具有漂白性。

师：那么 ClO^- 是否具有漂白性呢？如何证明？

生：ClO^- 有漂白性，漂白液包装上标注的有效成分为 NaClO、漂白粉包装袋上标注的有效成分为 $Ca(ClO)_2$，说明 ClO^- 是漂白的有效成分。

师：对的！大家的证明很充分。

六、研究结果与分析

首先，本研究将收集的科学论证倾向量表问卷以及论证能力测试的各题得分与总分等调查结果数据输入至SPSS软件；其次，统计分析数据的平均分值并进行独立样本 t 检验比较差异性；最后，整理得出研究结果。详细研究结果如下。

1. ADI教学对学生科学论证倾向的影响

在科学论证倾向前测与后测调查问卷的分发与回收中，分发给实验组48份问卷，均全部回收，分发给对照组46份问卷均全部回收，经审查均为有效问卷。

经过独立样本 t 检验，可以发现实验组的科学论证倾向前测总分（7.10分）与对照组的前测总分（7.20分）基本一致，而且在 $t = -0.061$、$p = 0.951 > 0.05$ 的情况下，两者之间没有显著差异。在教学实践后，科学论证倾向的后测总分实验组（10.58分）与对照组（7.87分）相比差异显著，具体为 $t = 2.172$、$p = 0.032 < 0.05$，具体结果可以参考表4-4。可见经过ADI教学后，实验组科学论证倾向总分高于对照组，说明在ADI教学后学生更倾向于接受论证。接下来从

科学论证倾向调查量表的两个维度进一步分析 ADI 教学对学生科学论证倾向各维度的影响。

在倾向接受论证维度中：实验组前测得分（33.13分）、对照组前测得分（33.20分）极相近，在 $t = 0.018$、$p = 0.949 > 0.05$ 的情况下，二者无显著差异。经过 ADI 教学实践后，实验组后测得分（35.54分）明显高于对照组后测得分（33.76分），$t = 2.024$、$p = 0.046 < 0.05$，可见 ADI 教学在提高学生接受论证倾向方面具有积极作用。

在避免接受论证维度中：实验组前测得分（26.02分）、对照组前测得分（26.00分）二者相近，且 $t = 0.018$、$p = 0.986 > 0.05$，即二者无显著差异。在 ADI 教学实践后实验组后测得分（25.90分）、对照组后测得分（25.89分）二者极为接近，$t = 0.005$、$p = 0.996 > 0.05$，即说明 ADI 教学对减少论证活动的回避心态作用不明显。

综上分析，可以发现 ADI 教学对学生倾向接受论证与避免接受论证两个维

表4-4　对照组和实验组科学论证倾向描述和 t 检验

	测验	教学组	N	平均值	标准偏差	显著性	t	p	标准误差值
倾向接受论证	前测	实验组	48	33.13	5.625	0.282	0.018	0.949	1.097
		对照组	46	33.20	4.969				
	后测	实验组	48	35.54	4.267	0.744	2.024	0.046	0.880
		对照组	46	33.76	4.259				
避免接受论证	前测	实验组	48	26.02	5.579	0.886	0.018	0.986	1.163
		对照组	46	26.00	5.692				
	后测	实验组	48	25.90	3.915	0.097	0.005	0.996	0.946
		对照组	46	25.89	5.191				
科学论证倾向总分	前测	实验组	48	7.10	7.054	0.866	−0.061	0.951	1.498
		对照组	46	7.20	7.473				
	后测	实验组	48	10.58	5.720	0.551	2.172	0.032	1.249
		对照组	46	7.87	6.386				

度的影响具体为：ADI教学对提高学生接受论证具有积极作用，对减少论证活动的回避心态作用不明显。从科学论证倾向总分看实验组明显高于对照组，说明学生在接受了ADI教学后科学论证倾向得到了显著提升。

2. ADI教学对学生科学论证能力的影响

在科学论证能力测试的前测与后测中，均收集得到实验组测试卷48份，对照组测试卷46份，经审查均为学生认真作答的有效测试卷。其中前测试题与后测试题均为3道简答题，每题由2~4道小题组成。整个测试的发放试卷、测试以及试卷评价过程均是公正、严肃进行的，其中试卷评价严格按照评价标准进行评分，将各题得分情况以及总分情况的数据输入SPSS，对其进行独立样本t检验，结果见表4-5。

表4-5 对照组和实验组科学论证能力描述和t检验

	测验	教学组	N	平均值	标准偏差	显著性	t	显著性（双尾）	标准误差值
论证能力测试第一题	前测	实验组	48	2.71	1.304	0.454	0.219	0.827	0.257
		对照组	46	2.65	1.178				
	后测	实验组	48	3.17	1.209	0.506	2.012	0.047	0.234
		对照组	46	2.70	1.051				
论证能力测试第二题	前测	实验组	48	2.67	1.389	0.498	−0.189	0.851	0.269
		对照组	46	2.72	1.205				
	后测	实验组	48	3.21	1.091	0.623	2.072	0.041	0.226
		对照组	46	2.74	1.104				
论证能力测试第三题	前测	实验组	48	2.73	1.198	0.552	0.130	0.897	0.257
		对照组	46	2.70	1.297				
	后测	实验组	48	3.27	1.180	0.920	1.657	0.101	0.242
		对照组	46	2.87	1.166				
论证能力测试总分	前测	实验组	48	8.10	3.012	0.575	0.065	0.948	0.597
		对照组	46	8.07	2.768				
	后测	实验组	48	9.50	2.269	0.804	2.609	0.011	0.458
		对照组	46	8.30	2.169				

　　数据分析结果表明：实验组科学论证能力测试前测总分（8.10分）与对照组的前测总分（8.07分）基本一致，而且在$t = 0.065$、$p = 0.948 > 0.05$的情况下，二者无显著差异。经过ADI教学后，实验组后测总分（9.50分）与对照组后测总分（8.30分）二者差异显著，$t = 2.609$、$p = 0.011 < 0.05$。具体数据参考表4-5。实验数据说明ADI教学有助于提升学生科学论证能力。

第五章 结论与建议

本章基于上一章所阐述的调整后的 ADI 教学模型的实践结果分析得出结论。此外，为了使教师能更好地开展调整后的 ADI 教学活动，通过对教学实践过程进行反思总结，提出了教学建议。

一、研究结论

1. 实施调整后的ADI教学有助于提升学生科学论证倾向

ADI 教学的论证-探究过程是一个逐渐深化的过程，在此过程中学生对科学探究和科学论证的认识会更加深刻，可以提高学生的认知能力，提高他们对论证的接受程度。通过科学论证倾向量表做问卷调查对学生的论证倾向进行分析，可以发现实施调整后的 ADI 教学对学生倾向接受论证发挥了积极作用，对学生避免接受论证作用不明显，从科学论证倾向总分角度可以发现实施调整后的 ADI 教学活动有助于提升学生科学论证倾向。

2. 实施调整后的ADI教学有利于发展学生论证能力

本研究通过纸笔测验对学生的论证能力展开了测试，其结果表明：学生的科学论证能力水平集中在水平 2 ~ 水平 4，而学生的论证能力水平能够达到水平 5 ~ 水平 6 的只是一小部分。测试题的答题情况大致为：每一题的前两小问几乎都能回答出来，但是对于后面小问或需要给出证据时，他们就很少能全面地回答。即使他们提出了较弱的反论点，也很难给出可以反驳的理由。这表明在总体上学生的论证能力并不强，还有待于进一步提升。

在开展调整后的 ADI 教学实践后，通过分析后测实验数据发现：实验组的学生的论证平均水平从水平 2 ~ 水平 3 提升到了水平 3 ~ 水平 4，实验组学生的科学论证能力得到了加强。但学生论证能力达到水平 5 ~ 水平 6 的仍较少，这说明调整后的 ADI 教学活动在短期内并不能让学生的论证能力实现大的飞跃，需要持续开展调整后的 ADI 教学活动以更好地发展学生论证能力。

3. 调整后的ADI教学活动的应用策略有助于发展学生论证能力

在教学实践过程中实施调整后的ADI教学活动时采取的应用策略（"方案竞争"策略、"支架引导"策略以及"创建流程图"策略）可以帮助教师有效地组织学生开展ADI教学活动。通过分析调整后的ADI教学活动的实施对学生科学论证倾向以及论证能力的影响，可以发现实验组的学生的科学论证倾向以及论证能力均有所提升。由此可见，实施重构后的ADI教学活动的应用策略有助于发展学生论证能力。

二、教学建议

在为期三个月的ADI教学实践研究中，主要进行ADI教学实践前的教学准备、实践、反思总结等。这是笔者第一次在课堂教学实践中尝试实施ADI教学，在实践中也遇到了许多问题，通过对实践中所遇问题的思考与总结、个人在实践教学后的反思以及与一线教师沟通学习后，提出一些实施ADI教学的建议。

1. 在ADI教学实践前向学生介绍各阶段活动

ADI教学以学生学习活动为主，学生需要了解其模型的各环节需要做什么，以实现更有效地开展ADI教学活动，如学生应了解在论证驱动探究的过程中如何确定自己的主张，如何从自己的主张出发设计实验探究方案，收集哪些数据，收集的数据如何应用于论证过程以支持自己的主张，当其余小组提出质疑时如何进行反驳等都需要在教学实践前进行说明，比如可以通过举例说明帮助学生了解并尝试进行以论证驱动探究的学习活动。

2. 教师为学生进行论证探究活动提供"支架引导"

在教学实践中，教师通过以问题引导、以相关实验表格支撑，为学生有序且高效地进行论证探究学习活动提供帮助与支持。同时在引导过程中，教师要注意语言的规范与精确表达，帮助学生准确理解学习任务，明确论证探究过程中应如何进行。

3. 教师在实践教学中鼓励学生以论证驱动探究

第一次接触ADI教学活动的学生存在论证能力不强与论证倾向不高等情况，学生无法有效地完成整个论证驱动探究的过程，此时需要教师适时地说一些提示性语言或以问题引导学生思考，同时还要鼓励学生，在学生思考过程中给予针对性的鼓励，激发学生以论证驱动探究的欲望与热情。

第六章　调整后的ADI教学模型应用案例

一、在物理化学课堂中引入"对分课堂"的研究

根据物理化学课程内容与本科生的知识结构实际掌握情况，分别介绍了物理化学课堂上的"对分课堂"与教学方法的应用特点，并简要阐述了在课堂教学实际中怎样运用学习通教学平台进行过程性评价。实践表明，"对分课堂"授课方式可增加师生、生生间的互动沟通，可以激发学生对学习的浓厚兴趣与主观积极性，进而大大提高了教学效果。

物理化学是我国高等院校化学化工专业的一门专业必修课，具有承前启后的重要作用，是培养化学专业人才的整个知识结构和能力结构的重要组成部分。物理化学课程的内容涉及化学基本原理、化学平衡和相平衡以及化学动力学三大部分。因为物理化学课程所涉及的知识点多，且理论性很强，所以学生普遍存在知识遗忘快、内化难等问题。同时由于学生的个体差异很显著，仅靠课堂讲授的教学方法难以适应每名学生的需要，也无法激发学生学习的主动性。所以怎样在有限的课堂时间内，让学生了解物理化学的知识脉络，熟悉重、难点教学内容，适应学生个性化的需求，从而增强物理化学的课堂有效性，也是亟须研究与探索的问题。

以往，物理化学课程大多采用教师课堂讲授辅以多媒体的教学方式。该模式突出了教师的主导作用，教师能全面把握课堂。通过借助教师系统性、逻辑性的讲述，也有助于学生了解重要知识点间的相互关系，并把握重点。但这种单向传导、被动接受且交互性不强的模式不利于学生逻辑思维的发展和探究精神的培养，也容易削弱学生学习的积极性。2014年，复旦大学张学新教授结合讲授式课堂教学与讨论式课堂教学的优点，明确提出了"对分课堂"教学模式，并在不同院校的理工科专业课程教学中开展了实践和探索，成效较好。

"对分课堂"教学一般分为3个阶段，即讲授（presentation）、内化吸收（assimilation）、讨论（discussion），因此也被称为PAD课堂。本项研究根据物理化学课程内容和特点，就"对分课堂"教学在物理化学课程中的运用展开了研究。

"对分课堂"的核心理念，是把一半的课堂时间分配给教师进行教学，另一半时间分配给学生以讨论的形式，开展交互式学习活动。"对分课堂"既可以隔堂对分，也可以当堂对分。在实际教学中，针对章节内容和特点，对化学基本原理部分主要采用隔堂对分的教学方法，对化学平衡和相平衡章节采用当堂对分与隔堂对分有机结合的教学方法，对化学动力学部分采用当堂对分的教学模式。

1. 化学基本原理"对分课堂"实践

化学基本原理部分的逻辑性很强，且概念难于理解，习题计算量很大。有些学生由于有一定高等数学和大学物理的基础，在学习初期容易形成轻视心态，对听课并不投入，导致在学习中后期因知识量明显增大而跟不上课堂步伐。为了提高学生的课堂注意力，在教学活动中教师会适时提问学生，但却无法顾及每名学生，学生更容易被教师牵着鼻子走。所以，学校在教学上要强调高等数学、大学物理等基础课程与物理化学的衔接，以提高学生的主体作用，增强学生的学习主动性和对课程的重视度。而关于这些教学内容，教师一般采用隔堂对分的教学方法。以气体的pVT关系一章为例，首先，由教师按照第一次课的内容（2学时）进行本章内容教学，然后按照教学内容布置作业，作业包括章节内容总结和习题，习题数量要适当而且具有典型性（如5道选择题、5道判断题、4道简答题、4道计算题），难易程度要有梯度性；课后，教师要求学生在规定时间内完成全部作业并提交到学习通平台，然后教师在第二次课前批阅全部作业，并发现学生中存在的共性问题。第二次课时，教师首先简要总结学生完成作业的情况，并说明作业中的难点以及错误较多的问题；接着让学生以小组为单位（按照班额通常5~6人一组）展开讨论交流，学生互相展示作业、表述个人认知和看法、互相解答疑难；随后，教师根据重点难点题目随机选人回答，学生按照小组讨论结果给出相应答案；最后，教师对共性问题作出具体回答，学生逐步明确重点难点内容，教师展示和点评优秀作业。整个过程持续时间约20分钟。实验结果表明，该过程较以往教师总结章节教学内容和讲解习题的效果要好。学生经过自我反思和互动交流，更能够将知识点了解和掌握得更深入。很多学生甚至设计出了知识点框架图，反映学生的思路更加清晰，且学习积极性提高。而经过交流互动环节，学生也能够相互启迪，解决个性问题，发现共性问题，攻破难题，并在交流中提高对知识点的内化与吸收。

在实际教学中，必须注意的是不必刻意对分，也没有必要每节课都对分，而只是针对各章的重点难点问题以及学生对知识点的掌握情况进行对分。如对气体、热力学第一定律、热力学第二定律、多组分系统热力学这四章内容，分别进行了一次对分，对化学平衡和相平衡这两章分别进行了两次对分，对电化学、表面现象和化学动力学这三章进行了三次对分。对分的时间也要依据实际情况而决定，有些章节可以45分钟，有些章节10～15分钟即可。因此教师在课堂教学中应视课时和实际教学情况灵活地应用对分，而不能拘泥于形式。

2. 化学平衡、相平衡"对分课堂"实践

化学平衡和相平衡的内容比较抽象、不易掌握。学生在高中阶段对于化学平衡和相平衡来说，其部分内容知识点的学习情况进度不一。例如关于化学平衡的内容，经过问卷调查可知，只有20%左右的学生高中阶段学过还记得，30%左右的学生学过但忘了，50%左右的学生甚至完全没掌握过。而在以往常规课堂教学，也往往发生这样的情形：针对一些重点和难点问题，教师即使耗费了大量课堂教学时间反复讲解，也会出现一些学生已经能熟练掌握重难点知识，但有些学生则仍然摸不着头脑。基础较薄弱的学生往往因赶不上教学进度，缺乏自信，进而失去学习兴趣；但基础较好的学生会在对同一重难点知识的反复学习过程中缺乏耐性，降低学习积极性，因而使教学效果大打折扣。所以，教师结合化学平衡、相平衡的课程性质和学生知识掌握情况，主要采取了隔堂对分与当堂对分有机结合的方法实施课堂教学。如化学平衡一章的主要内容有化学反应的方向及平衡条件、理想气体反应的等温方程及标准平衡常数、平衡常数及平衡常数的计算、温度对标准平衡常数的影响、其他因素对理想气体化学平衡的影响，计划教学8学时。第1、2学时，由教师讲授化学反应的方向及平衡条件、理想气体反应的等温方程及标准平衡常数主要内容，课后要求学生复习所学知识点，并独立完成作业，在规定时间内提交作业。第3、4学时，学生根据难点重点问题（如平衡常数）进行分组讨论、教师答疑，时间约20分钟。然后教师利用50分钟讲授完成平衡常数及影响平衡常数的计算的主要内容，给出思考题（影响平衡常数的因素有哪些），然后学生完成7分钟的独立思考，并写出自己的答案，接着进行5分钟左右小组讨论，最后8分钟左右时间进行班级交流、教师答疑和总结。第5、6学时，由教师讲解学生完成标准平衡常数的影响因素的主要内容，布置课后作业。在第 7、8 学时，进行 30 分钟左右的隔堂对分，接着利用 45 分钟时间讲解影响因素的主要内容，最后 15 分钟进行章节总结。在相平衡一章中，共进行了两次隔堂对分和一次当堂对分。不论是隔堂对分还是当堂对分，教师都充分运用了对分中的四个环节，即教师讲授—学生独学—学生讨论—教师答疑。在这一过程中，学生通过小组讨论，可以互相促进，化解难疑，较好地了解和掌握基本理论知识，提高学生对知识的接受程度；同时教师也可以及时发现学生的问题，并及时给予解答。

3. 化学动力学"对分课堂"实践

化学动力学主要讨论化学反应速率及其影响因素。其主要知识点庞杂，且知识点繁多，往往包含大量的化学反应，学生易于理解但又难于记忆。以往采用的是常规的课堂教学模式——教师在教学内容中根据实际生产生活实践，或者引入科技前沿，但还是会存在部分学生在课程进行一半时"有点坐不住""有点昏昏欲睡"的情况，同时也很容易出现学生在课上懂了，课后忘了的现象。而关于化学动力学的内容，教师主要采用当堂对分的教学方法，来提高学生课堂注意力，进而提高学生课堂参与度，让学生真正学会思考问题，才能学以致用，并根据前面所学的热力学基本原理，评价和解释化学反应速率的表达式。例如，在化学反应的反应速率及速率方程这一节课中，主要知识点有化学反应的反应速率及速率方程，零、一、二级反应的动力学特征以及 n 级反应的速率方程。教师选取两个重要知识点进行当堂对分，约为 20 分钟。一是在阐述了化学反应速率的定义时，首先提出问题，再引出概念——推测化学反应机理、复合反应、基元反应、反应分子数、基元反应的分类，以及解释不同反应速率的特征。二是在介绍反应速率的影响因素时，只给出温度对反应速率的影响，让学生根据实验事实总结温度对化学反应速率影响的递变规律。经过小组讨论与交流，学生能做到运用热力学定理，推导并解释温度对化学反应的影响，总结出反应速率随温度变化的递变规律，这个过程既提高了学生对化学反应动力学的理解，更有利于记忆，也巩固了前面学习的内容。

4. 课堂评价

"对分课堂"的研究强调过程性评价。在教学实践中，教师运用了学习通教学平台进行过程性评价。本课程的平时成绩为 40 分，其中作业 15 分，课堂测验 5 分，期中测试 20 分。在课前，教师就需要在平台上设置好平时成绩权重。课上，利用平台签到功能进行考勤，利用平台进行选人、主题讨论、测验等课程活动。如当堂对分时，教师可以在平台的问题讨论中发布需要讨论的问题，而学生可以在平台上直接回复，给出自己的解答，从而保证了学生的参与度。在分组讨论完成后，教师还可以利用学习通平台选人功能来随机抽选学生回答问题，从而消除了教师选人的主观性，确保学生参与课堂的公平性。课后，教师在平台上发布作业和批改作业，学生可以通过平台查看作业评分和结果，并反思自身的学习情况。学习通教学平台会实时统计出学生出勤、作业，以及参与课程活动等情况，按照成绩权重设置给出分数，可以作为平时成绩的主要参考依据。通过平台反馈结果，学生能够评估自己的表现，教师也对学生的知识掌握情况有比较客观的评估根据，可以总结学生的平时表现，从而及时督促、鼓励和指导学生，并促使学生积极寻找差距，由被动转为主动学习。通过教学平台进行过程性评价，既可以有效掌握学生学习状态的实际情况，也不至于对教师造成太大的负担。

将"对分课堂"应用于物理化学课程教学中，采用"对分"的方式避免了讲授式教学中学生消极接受的问题，促使学生积极参与课堂实践教学活动，增加了生生互动和师生互动，培养了学生自主学习的意识。顺利实施"对分课堂"的关键在于教师的素质和能力，要求教师不断加强自身学习，充实自身知识结构，积累科研经验，进一步提高教学质量。只有教师掌握好"讲授、内化吸收、讨论"的整个教学流程，才能灵活处理好对分的课堂教学，从而有效提升课堂教学效果。

二、基于ADI教学模型的初中化学理论教学研究

ADI教学模型是在探究学习的基础上加入的论证过程，使学生参与科学研究的过程，促进学生理解科学知识和科学事业，培养其科学思维方式、逻辑推理能力、构建思维、科学写作能力等，提高学生科学素养。根据当前初中化学教学中存在的问题，本书对ADI教学模型的相关理论进行了介绍，以初中氧气的制备为教学案例，通过对九江市第七和第十一中学化学教师进行问卷调查，呈现了ADI教学模型在初中化学理论教学中的实际应用，提出相应的教学策略，期望为ADI教学模型在初中化学理论教学中的应用提出力所能及的建议。

《初中化学新课程标准》明确指出学生的培养目标和核心素养为通过多样化的教学方式，帮助学生培养科学探究能力，使其逐步形成科学态度与科学精神。可见，培养学生的论证探究能力是初中化学学科的核心素养之一。ADI教

学模型是基于构建主义理论和认知学习主义理论之上发展而成的，将科学探究活动与教学实践相结合，旨在通过引导学生参与到论证和探究的过程中，从根本上改变传统课堂上教师单一输出教学、学生被动学习的教学模式，从本质上推动学生发散性思维的发展和推理探究能力的提升，从而培养学生的科学精神。

另外，当今化学教学缺少的就是探究性教学，对于课堂上很难解决的问题，应该在实验探究之前进行大胆猜测，然后再利用证据推理对猜测内容进行合理的验证，最后通过实验探究、验证假设，得出结论。证据推理犹如推进课程改革的催化剂，培养学生的主观能动性，增强学生的化学学科核心素养。

基于此，本书将ADI教学模型应用到初中化学课堂教学实践中，结合人教版教材内容，对如何在初中化学理论教学中应用ADI教学进行探索，旨在为一线教育工作者培养学生的论证能力方面提供一些新的建议。

杜威在1902年提出的"知行分离"和"知行合一"的观点，强调了学习者应该将学习成果转化为实际的行动，并且要培养学生的自我实践能力，以便使他们能够更好地掌握知识，并且能够积极地探索、发掘、分析，更好地学习新的技术，进而更好地实现自己的目标。在20世纪60年代，美国的K-12教育注重培养孩子的独立性、创造性以及挑战性。英国的国家中等教育体系则认为，通过让孩子实际体验科学的方法，可以唤醒孩子对于探索的热情。通过深入研习，培养自己的科研技巧，培育自己的研究精神，提高自己的研究能力，最终达到提升自身的研究水平。1991年，Grosslight和Unger发现，根据个体的认知水平，可以把科学研究过程划分为三个层次：基础的研究、实验的验证、实践的运用。1992年，Halloun和Hestenes首次将调查问题的研究引入科学的视角，通过实验数据的检验、推理的推断，来获取有效的研究成果。而自2008年起，Sampson教授也推行了ADI教学模型。自2018年以来，全球范围内的学术界都认可ADI教学模型，它可以为学习者带来更多的知识，包括深入了解科学的基本原则，培养学习者的科学思考，以及更强的语言文字表达技巧。经过深入的调查，我们可以清楚地看到，近现代海外一些国家的"证据推理与模型认知"教育更加强调了学生的自主思考、创新思维以及解决问题的能力。他们更加关注于收集有效的数据，构建有效的模型，以便更好地处理现代社会的复杂情况。

ADI教学模型是一种新的教学方法，它旨在帮助学生更好地理解和掌握论证与探究过程。2006年，中国台湾研究者黄翎斐所著的《实证与科研素质教育的理论研究与务实》一书所描绘的理论框架，强调了ADI教学模型的作用，以此来改善传统的探究性教学方法。"证明推导与模式认识"于2019年被陈进前引入，"使用模型方法学习和分析基础"被《普通高中化学课程标准（2017版）》引入，它们都为ADI教学模型的发展做出了重要贡献，为学生们的学习和应用带来了极大的便利。2017年，常聪、谭学才以及他们的团队，基于思维导图的理论，深入探讨了如何构建一个有效的认知模型，并将重点放在了三个不可忽视的领域——物质的结构、化学反应的速率以及材料的特征，以认识元素及其化学反应。"物质的量"教学模型是陈嘉晓在2018年提出的一种有效的教学方法。"化学探究性试验相结合"教学模型则是李娜在2019年提出的一种新的教学方法，它把传统的探究性学习和ADI教学模型有机地融入"化学能转化为电能"教学模型之中，从而提高了学习效果。通过探究性学习，学生不仅可以学会自主思考和解决复杂的问题，还可以学会创造性地构建解决方案，从而使学习过程变得更为高效和系统化。2018年，吴克勇教授建议，通过综合证明、证伪、间接证明、实验技术、材料推断、模型构建，来构建一种更加完善的"证据推理与模型认知"的理论体系，并且根据"证据推理""模型认知"的不同，给"证据推理与模型认知"的理论作一些更加细致的划分，这样可以更好地指导今后的课堂实践。经过深入的分析，我们发现，目前的研究大多聚焦于探讨一个特定的问题，如实证推断和模型认识。然而，大多数的研究都是以一个简单的问题为基础，然后提出一些解决方案，最终得出一个答案，而没有深入探讨这个问题的具体细节。

（一）研究目的和意义

在初中化学教学中建构ADI教学模型，从教学实践中引入ADI教学模型。通过此教学模型，来提升学生的化学学科素养。

在化学课程教学中引入ADI教学具有如下意义。

① 使得新课程改革更具有可操作性。与传统的教学方式相比，ADI教学更注重证据的运用和对某一观点和立场的支持和反驳，是一种充满理性的教学方式。ADI教学强调学习者通过实践、操作、讨论、分析、推演，以及其他形式的学习，以提高学习者的学习能力，并促进学习者的学习成果。ADI教学提出了"三维目标"的教学模型，以达到更好的教学目标。

② ADI教学能有效地培养学生的科学素养。科学是一个以论证为基础的社会活动，科学精神则是客观、求真、理性、实证、创新、宽容的精神。ADI

教学就是对知识的求证和探索的理性思维过程，就是培养学生的质疑精神、实证精神、分析求真精神，追求自然的和谐和理论的完美，通过提高学生的逻辑推理能力和个体独立精神，来培养正确的科学素养。

③ ADI教学的出现，不仅拓宽了教学视野，而且也深刻地影响着教学方法。尽管ADI教学已经成功地被广泛应用于我国的教学，但它的应用范围仍然相当狭窄，因此，本次研究将从理论角度深入剖析，并从实际角度进行探讨，从而给今后教学者提供一个参考，从而更好地利用ADI教学的优势，提升教学质量。不仅可以帮助学生更好地掌握"ADI教学"，还可以引导他们去深入研究，拓展他们的视野，增强他们的逻辑性，加深他们的理解，最终形成一种全新的、更加深刻的化学观念。

（二）基于ADI教学模型的初中化学教学案例

1.初中化学教学内容分析

经过重新编写，人教版义务教育教材中包含了空气、二氧化碳、一氧化碳、金属材料、酸、碱、盐，教师能够更好地指导学生如何从外观到本质、从浅到深地理解和掌握人教版义务教育教材中提供的知识点，从而更好地实现教学目标。通过对宏观的变化进行分析，我们可以更好地理解物质的结构和组成。我们可以通过探索单独的物体来更好地理解整体，并且可以通过分析它们的特征来更好地了解它们的相似之处。例如，我们可以探索酸、碱、金属的通用特征和金属活动的顺序。若无法将真实的物理现象融入课堂上，化学的知识点将变得毫无意义，而且只能让学习者死记硬背，无法真实地理解知识点。

2.ADI教学基本流程

Sampson团队为了满足美国K-12科学教育框架的八项目标，ADI团队对ADI教学模式进行了全面的改进，将其划分为八个教学步骤，以取得更好的教学效果，具体步骤如图6-1。

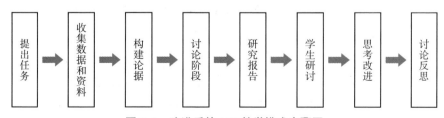

图6-1　改进后的ADI教学模式步骤图

ADI教学模型的教学过程包括八个重点部分：第一，教师设计情境，激发学生兴趣并产生问题意识，教师协助学生确定探究问题与任务；第二，学生组成小组，围绕第一部分提出的问题设计探究计划；第三，学生提出一个由观点、证据和推理组成的论点并与同学分享讨论；第四，各小组分享论证，其他组的成员对观点的合理性、有效性进行评价，营造真实的科学论证环境；第五，需要以书面的方式撰写一份报告，其中需要提到所需的研究课题，以及你的工作、你的看法、你的建议；第六，给学生充足的时间对论点、论据及论证的方式进行反思，为学生提供发挥潜力的空间，使其体验到科学实践的真实性；第七，深入探究并分析现有的问题，并给予学生提示，寻求改进措施；第八，每个小组成员互相讨论，进行反思，而老师则担任评审者，以确保评审的客观、公正。

3. ADI教学设计案例——以"制备氧气"为例

本课内容是了解实验室制取氧气的主要方法和原理，学习制取氧气的实验和操作步骤，了解催化剂、分解反应的概念。根据课程内容，利用ADI教学模型，设置了八个教学步骤。同时对学生在教学中出现的问题进行总结。

（1）提出任务

情境引入：被称为生命之气的"氧气"在生产生活生命当中至关重要，在支持燃烧和供给呼吸方面不可缺少，那么在实验室中如何制取氧气呢？（教学中发现，在提出任务时如果设置了情境引入环节，学生的学习兴趣会比直接提出任务要高涨得多）本课内容涉及的知识点有氧气的制备和实验操作，因此提出以下学习任务：

① 如何制备氧气，化学方程式是什么样的？

② 需要什么样的反应装置？

③ 制备的气体应该如何检验？

（2）收集数据和资料

在提出任务后，学生们将以小组的形式搜集信息，并作出假设。在这个过程中，教师将在教室里活跃地指导，回答学生的提问，并给出指导和建议，以帮助他们更好地理解和解决问题。例如，学生们可能会作出的假设如下。

① 氧气的制备是固体加热，如加热高锰酸钾或者氯酸钾。

② 氧气可以使带火星的木条复燃，是否可以用来检验气体是氧气？

③ 氧气的反应装置是否类似固体加热的装置，如碳还原氧化铜？

在本节课中，我们将重点关注找到课题、给出假说和设计试验。我们将会通过反例论证和实验论证来支持我们的设想，并且通过分组研究来确立试验的总体设计思想。在制定实验方案之前，学生将会进行独立思考，并且会根据自己的经验和想法，制定出所需的材料和步骤。在这个过程中，老师会提供必要的实验材料，并密切关注试验的安全性，以便学生能够更好地发挥自身潜能。

在教学过程中，发现一些学生在收集信息时对数据和资料重视度不高，觉得知识点很简单，不愿意自己动手去搜集整理，导致后续实践时出现问题。

（3）构建论据

通过深入研究，学生可以从多方面构建自己的想法，包括思考来源、证据解释、推理目的等，以便更好地理解科学，而不是被动地接受知识，从而更有效地运用证据和推理来支撑自己的假设。例如氧气的制备原理和步骤中，需要学生从化学方程式入手，通过书本和网络来思考来源，并利用原理进行证据解释，做到每一个步骤都有理有据。

教学中发现很多学生无法提出自己的想法，面对自己需要动手或者说明的知识就束手无策，原因是学生习惯于教师的灌输式讲解，没有主动质疑的意识；此外，知识结构存在漏洞，无法就某个模型进行连贯性的推理。

（4）讨论阶段

在这个阶段，学生们可以充分展示自己的想法，并且通过解释和说明来证明他们的假设。他们之间可能会有不同的观点和思维方式，但通过这些差异，他们可以实现合作学习的目标。通过这种方式，学生们可以体验科学家们如何构建理论和假设，并且可以为教师提供有关他们思维能力的信息。例如，氧气制备的操作步骤，学生对于每一步都可以提出自己的解释。千人千面，每个人的步骤和仪器选择都可以存在差异，只要能提出让人信服的解释即可。

（5）研究报告

学生将搜集氧气制备的信息进行总结，书写研究报告。通过写作，学生可以更好地理解和表达问题，并通过推理和论证的方式来提升自己的科学写作能力。同时，他们也可以通过反思和修正来完善自己的写作。

（6）学生研讨

对于氧气制备中的实验装置、实验步骤，每个人的选择会存在差异，同时会有疑问需要进行解决，需要学生通过交流进行问题探讨。教师会根据"查漏补缺"的分组，让学生们进行小组讨论，讨论中可能存在歧义和不同观点，并给出反馈。最后，每个小组都会选出代表，展示讨论的结果，并解释、论证和推理。教师应该积极参与到学生的论证和推理过程中，不仅要鼓励学生提出质疑，还要给予指导，帮助学生更好地了解论证的深度，并且对于推理中的疑难问题，也要及时进行解释。在同学们交流完毕后，教师应该根据他们的反馈来补充知识点，并通过讲授、练习等方式来加强他们对重点和难点的了解。同时，老师还应该对学生的整体表现给予评估，并对优秀的部分给予表扬，对于存在的问题提出修正建议。

教学中发现一部分学生在合作交流时呈现躲避的状态，原因是对合作交流的重视度不足，缺乏合作交流的意识。此外，一些学生习惯于自我学习，没有互相学习的观念。

（7）思考改进

经过师生共同讨论研究，我们将报告提交给学生，学生根据反馈信息和教师的指导，进行修订和补充，并以作业的形式提交，教师进行审核和评估。教师会在课堂上加强对报告中存在的问题的解决，并对部分问题进行单独的教学，既可以锻炼学生的写作能力，又可以帮助他们更好地理解科学知识，教师也会根据学生的学习水平，提供针对性的教育，以帮助他们更好地完成任务。通过提供有针对性的指导和支持，帮助那些理解和学习能力较弱的学生，缩小他们之间的差距。

（8）讨论反思

学生应该从自身的错误中吸取教训，仔细分析原因，并从中提炼出有益的启发，教师应该提供正确的指导，帮助学生拓展自己的知识面，增强思维逻辑判断、论证推理能力，从而更好地完成学习任务。

综上所述，ADI教学模型在"氧气的制备"中应用时，教师设置了情境引入环节，可以提高学生的学习兴趣。此外，学生在学习中存在以下问题：在收集信息时对数据和资料重视度不高；没有主动质疑的意识、知识结构存在漏洞，无法就某个模型进行连贯性的推理；对合作交流的重视度不足，缺乏合作交流的意识、没有互相学习的观念。

4. ADI教学模型在初中化学教学理论中教学现状的问卷调查

（1）调查对象

本次调研以九江市第七和第十一中学共13位化学教师为研究对象，共计发送问卷13份，13份被成功回收，回收率达到100%。13位教师中有3位男教师，10位女教师。教龄上，低于5年的有9人，5～10年的有3人，10年以上的有1人。职称上，中学高级教师有3人，中学一级有4人，中学二级有6人。

（2）调查目的

经过问卷调研，我们掌握了九江市第七和第十一中学的13位化学教师对

ADI教学模型在初中化学教学理论的教学现状。

（3）调查结果分析

① 之前您对ADI教学模型有了解吗？（　　　）

根据图6-2，多达69.23%的老师比较了解ADI教学模型，仅有7.69%的老师完全不了解，说明问卷的调查结果是可以让人信服的。

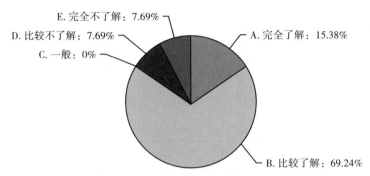

图6-2　关于ADI教学模型是否了解调查

② 您认为培养学生的批判性思维和论证性思维重要吗？（　　　）

由图6-3所示，所有的教师都认为培养学生的批判性思维和论证性思维是重要的，这为ADI教学模型的应用提供了思想基础。

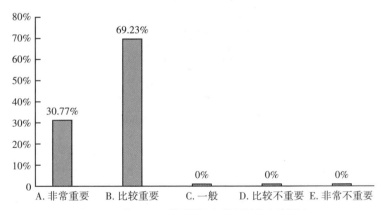

图6-3　关于ADI教学模型对思维影响的调查

③ 您认为在教学过程中使用ADI教学模型对您自身的教学能力有影响吗？（　　　）

④ 若在课堂上应用ADI教学模型，对您备课时投入精力有何影响？（　　　）

根据③、④题的问卷结果（见图6-4与图6-5），绝大多数教师认为ADI教学模型对其自身的教学能力有影响，主要体现在备课量明显增大。这说明使用ADI教学模型时会增大教师的工作量。

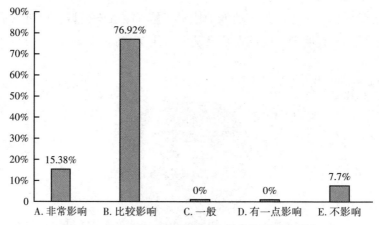

图6-4　关于ADI教学模型对教学能力影响的调查

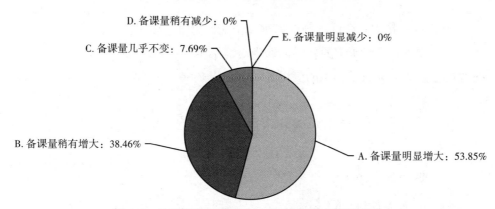

图6-5　关于课堂上应用ADI教学模型对备课的影响

⑤（多选）每一次实验的实验任务和实验原理，您采取的教学方式是什么？（　　）

根据第⑤题的问卷结果（见图6-6），有92.31%的教师在实验课前给学生讲解清楚实验的任务和实验的原理，学生再进行实验；92.31%的教师在实验课前引导学生自己去明确实验任务和原理，学生再进行实验；69.23%的教师在实验中一边讲解实验任务和实验原理，一边让学生进行实验操作；76.92%的教师在实验课前由学生自主学习并确定实验的任务和原理，然后再进行实验；61.54%的教师先播放实验操作过程的视频，然后给学生讲解清楚实验任务和原理，学生不进行实验。说明大多数老师会让学生进行实验，同时在实验前也会讲解清楚实验原理。

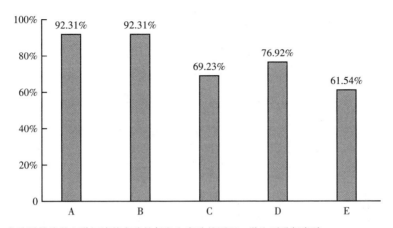

A—实验课前给学生讲解清楚实验的任务和实验的原理，学生再进行实验；
B—实验课前教师引导学生自己去明确实验任务和原理，学生再进行实验；
C—实验中老师一边讲解实验任务和实验原理，一边让学生进行实验操作；
D—实验课由学生自主学习并确定实验的任务和原理，然后再进行实验；
E—老师播放实验操作过程的视频，然后给学生讲解清楚实验任务和原理，学生不进行实验

图6-6 关于教师实验课教学方式的调查

⑥（多选）当学生实验做完后，您采取什么方式巩固学生实验部分的知识？（　　）

⑦（多选）对于学生平时闭卷考试的考卷，您采取何种方式进行评阅？（　　）

根据调查问卷题目⑥、⑦的结果（见图6-7和图6-8），53.85%的教师很少给学生巩固实验知识，通常是让学生自行抽空巩固；92.31%的教师安排学生按照给的模板写实验报告来进行巩固；84.62%的教师安排学生做与实验相关的试题；46.15%的教师等到一个章节、期中或者期末的时候带领同学们回头来巩固。这说明仅有一半教师给学生巩固实验知识，明显不够。应该加大ADI教学模型在实验知识巩固上的应用。对于考卷的评阅，53.85%的教师给学生答案，学生自行评阅；53.85%的教师不给答案，同学们通过寻找资料来自行评阅；92.31%的教师将学生作业或考卷打乱后，同学间互相评阅；84.62%的教师会给同学们评阅。大多数教师是让学生自己评阅或者同学之间互相评阅。这说明教师在实际教学中大部分人是使用ADI教学模型的。

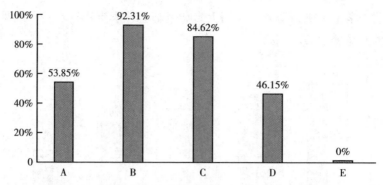

A—很少给学生巩固实验知识，通常是让学生自行抽空巩固；
B—安排学生按照给的模板写实验报告来进行巩固；
C—安排学生做与实验相关的试题；
D—等到一个章节、期中或者期末的时候带领同学们回头来巩固；
E—其他

图6-7 关于采取什么方式巩固学生知识的调查

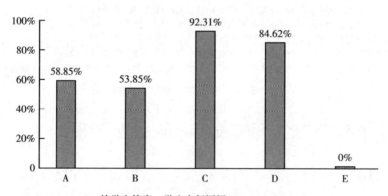

A—给学生答案，学生自行评阅；
B—不给答案，同学们通过寻找资料来自行评阅；
C—将学生作业或考卷打乱后，同学间互相评阅；
D—我给同学们评阅；
E—其他

图6-8 关于教师评阅试卷的调查

⑧（多选）您认为在教学过程中使用ADI教学模型会对学生产生怎样的影响？（　　）

由图6-9所示，92.31%的教师认为ADI教学可以提高学生的学习兴趣，所有教师认为可以改变学生认知方式；84.62%的教师认为可以促进学生能深入学习知识；76.92%的教师认为可以促进学生间的合作、交流；76.92%的教师认为可以培养学生的批判性和论证性的科学思维。这说明ADI教学模型对学生的促进作用是毋庸置疑的。

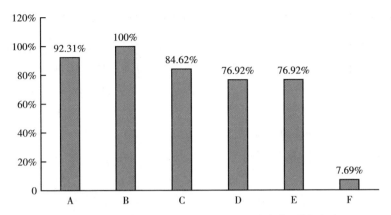

A—提高学生的学习兴趣，所有教师认为可以改变学生认知方式；
B—改变学生认知方式；
C—促进学生能深入学习知识；
D—促进学生间的合作、交流；
E—培养学生的批判性和论证性的科学思维；
F—其他

图6-9 关于教师认为 ADI 教学模型对学生影响的调查

⑨（多选）您认为影响 ADI 教学模型的影响因素有哪些？（ ）

根据调查问卷题目⑧、⑨的结果（见图6-9和图6-10），很多教师都认为 ADI 教学模型可以提高学生学习兴趣，改变学生认知方式，促进学生能深入学习知识，促进学生间的合作、交流和培养学生的批判性和论证性的科学思维。对于影响 ADI 教学模型的影响因素主要有教学内容、教师自身的理论素养、学生自身的因素、课时长短和教学时所提供的素材。

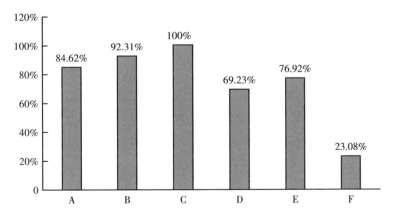

A—教学内容；B—教师自身的理论素养；C—学生自身的因素；
D—课时长短；E—教学时所提供的素材；F—其他

图6-10 关于 ADI 教学模型影响因素的调查

综上所述，教师大部分是了解ADI教学模型的。认为这个模型对学生的促进作用有很多，如提高学生学习兴趣，改变学生认知方式，促进学生能深入学习知识，促进学生间的合作、交流和培养学生的批判性、论证性的科学思维。使用ADI教学模型虽然会增大教师的工作量，但是大部分教师在实际教学中是会使用ADI教学模型的。

（4）当前初中化学理论教学研究中存在的问题

① 理论教学课堂缺乏活力。

由于化学的理论内容单调乏味，很多学习者感觉厌烦，但实际上，只要掌握了足够的知识，就可以轻松掌握化学知识，从而提高自己的学习效率。随着时代的发展，许多教师仍然坚持传统的授课方式，使得初三的化学课堂变得乏味，许多中学生也变得疲惫不堪，教学效果大打折扣。因此，当前的初中化学理论教育面临着一大挑战：如何让中学生们更加积极地参与到课堂活动之中，激发他们的学习热情。

② 学生思维能力和学习方法不佳。

当初中生进入初三阶段时，他们开始接触化学这门理科，但它也是一门文科，因此，他们不仅要求自己深入理解和分析，还要求自己牢固记住有关的化学理论知识。这使得他们面临着一种全新的挑战，很多人都无法轻松地找到适合自己的学习方法。因为学生们没有采取正确的学习方法，所以化学理论的教学效果并不理想。同时，学生的思维能力处于文科思维，思维方法不对，导致学习化学时不能事半功倍。尽管许多学生倾向于采取传统的文科学习模式，以死记硬背的形式去掌握化学理论，但也有少数人选择采取更具创新性的理科学习模式，以更全面的视角去探索、思考、实践，以期更好地掌握化学的基本原理，并能够更快地应用到实践中去。

③ 学生缺乏有效指导。

对于部分化学教师来说，他们比较喜欢"放羊式"的教学方法，但是对于刚接触化学的初中生来说，如果缺乏教师的引导，那么学生的学习将会很吃力，无法很好地提高学生对于理论知识的理解。所以，目前初中化学理论教学存在的问题之一是学生缺乏教师有效的指导。

（5）ADI教学模型在初中化学理论教学应用的教学策略

① 创设问题情境，激发好奇心。

在ADI教学中，教师应该深入研究课本，挖掘出具有重要思想意义的知识点内涵，以便为学生探索新的知识点打下坚实的基础。因此，教师可以根据他们的认知冲突和好奇心，创设出多种不同的化学问题情景，从而引发学生的学习兴趣。"氧气的制备"通过展示人吸氧的图片，引发学生的思维，让他们联想到日常生活中的氧气制备过程，调动他们的学习热情，探索人体内氧气的来源，以及在实验室中是否可以进行氧气的制备。教师也可以顺势提问实验室制备氧气的原理和方法。科学技术的发展在为我们带来极大便利的同时，也引起了一系列的社会伦理道德问题（socioscientific issue，SSI），SSI问题涉及生态、经济、环境、道德、科学的各个方面，由于个体或不同群体对于这种问题有不同的解释，答案具有极大的开放性，能够实现不同观点之间的争锋，比如说在学习"二氧化碳和一氧化碳"时，可以这样导入：二氧化碳可以灭火，一氧化碳可以燃烧，这是什么原因呢？

②重视数据、资料分析，训练逻辑思维方法。

近年来，在化学课堂上，我们更加强调对于不同情景的探究，并且鼓励学生们不断练习，以便更好地掌握知识。例如，在模拟蜡烛燃烧的实验过程时，我们希望学生们可以快速地识别和总结各种不同的参数，并将它们组织成一个完整的知识体系。在课堂上，我们需要让学生自己去发掘和理解知识，而不是单纯依靠老师的指导。通过独立思考，我们可以帮助他们理解和掌握知识，从而使他们在中考中更加自如地回答问题。因此，教师们需要仔细研究每一个知识点，包括教学的核心内容、学生的困惑和需要掌握的知识，然后通过搜索相关的案例、照片和实验数据，帮助他们理解和掌握知识。在收集数据时，学生需要仔细研究和比较，以便提取出有价值的信息。随后，他们可以运用归类和总结的方法，把不同的数据组织起来，并通过形式推理和非形式推理，形成一系列的结论，从而推导出一定的化学规律。鉴于学生对知识获得的局限性，当他们接触到来源可疑的信息时，他们可以利用元认知的方式来审视和反省，从而更好地理解科学的进步，提升他们的批判性思考能力和创造力。综上所述，我认为，在论证教学中，重视资料分析，不仅可以培养学生的逻辑思维能力，还能够提高他们的信息收集和整合技巧，从而提升他们的核心素养。

③以质疑、辩驳为突破点，提升思维能力、强化知识结构。

ADI教学可以为学生提供一种更加直观的学习方式，让他们能够更好地分析和掌握化学概念，从而运用化学原则和方法，分析和推导出答案。这种教学方式不仅可以让学生熟练掌握化学概念，而且可以让他们灵活地运用化学原理，分析和推导出答案，从而更好地提高学生的学习效率。通过提供丰富的练习，学生能够更好地应用他们的理论知识来处理现实世界的问题。在进行练习时，教师还应该提供一些提示，比如：您是否已经完全掌握了练习的内容？您能保证您的论点的可靠性和可信度吗？您的论点能否经得住检验，并且能够被广泛接受？您的论点能否被认可，并且能够被广泛认可？通过对论点的质疑，可以激发出更多的想法，并且帮助学生更好地实现我们的论点。

④ 进行小组合作交流，组建学习共同体。

为了提高 ADI 课堂教学的质量，我们应该采取一种新的方法来促进他们的科学思考。这种方法包括采取小组合作的方式，让所有的同学和老师一起探究和分享他们的看法，以此激励他们的积极性。当前的教学条件使得他们的思考、推理和表述的技巧受限，这种情况的根源可以归结为缺乏足够的讨论和争议的机会。但如果让学生参加讨论，特别是当面临着和自己不同的看法时，就可以让他们更加深入地去探索，进而培养出具备批判性思维和分析能力的学生。通过分成若干个小团队来讨论问题，可以让想法变得有序，让知识变得有序，并且增强科学思考的敏锐度。此外，在小组学习中，教师应当为学生提供一个展示自我看法的平台。此外，教师还应当指引学生怎样开展有效的分组协作，并为他们制定一些规则。

（6）结论与展望

对于刚接触化学的初三学生来说，他们可能会错认为化学就是学习相关的实验，不需要学习很多理论知识。然而这样的想法是错误的，化学的学习不仅是化学实验的学习，也是化学理论知识的学习。在初中化学教学过程中，要改变以往的传统讲授式教学理念，要用探究式教学的方式来培养学生们自主学习、自主研究和自主思考的能力。本书总结使用 ADI 教学模型教授"氧气的制备"和教师问卷调查中发现的问题如下。

① 如理论教学缺乏活力：化学的理论太过枯燥，无法引发学生的学习兴趣。

② 学生思维能力和学习方法不佳：学生学习化学的方式不当，学生的思维能力处于文科思维，思维方法不对，导致学习化学时不能事半功倍。

③ 学生缺乏有效指导：缺乏教师的引导，那么学生的学习将会很吃力，无法很好地提高学生对于理论知识的理解。

就以上的问题，我提出了几点建议，具体措施如下。

① 创设问题情境，激发好奇心：创设出多种不同的化学问题情景，从而引发学生的学习兴趣。

② 重视数据、资料分析，训练逻辑思维方法：要求学生提升本身的阅读

能力、信息采集与处理能力，能够迅速从陌生情境中整合归纳出有效信息，得出结论。

③ 以质疑、辩驳为突破点，提升思维能力、强化知识结构：质疑是为了引起学生的反思，起引导作用，而在学生的反驳过程中必然会充分启动大脑中已有的知识体系，重新思考解题思路以修改完善主张。

④ 进行小组合作交流，组建学习共同体：有效地组织小组或全班的讨论，可以极大地调动学生学习的积极性，使得每个人都参与到问题的讨论之中发表自身的观点，实现观点之间的争锋，提供学生进行批判性讨论的机会。

本节是将ADI教学模型应用于初中化学理论教学，通过文献检索，发现ADI教学模型还用于其他角度的设计和研究，例如专注于发展教师的科学讨论技巧、基于ADI教学模型的教学评价。通过科学示范活动，发现有很多可应用于ADI教学的资料，这也是之后教学过程中将继续跟进的研究点。根据ADI教学实施过程的具体情况和自身的经验，可以对现有的ADI教学模型进行修改和改进。同时，期望随着科技的发展，能够为学生创造更好的网络学习环境，构建更为完善的监督管理体系。ADI教学仍是较新的概念，相关的研究也有更多的研究方向，期望本研究能为后续研究提供一定的参考，ADI教学也能有更深入的发展。

三、ADI教学模型在初中化学实验教学中的应用

最近几年，在各类科技信息的影响下，世界范围内的科学教育研究已经开始重视学生的科学素养与阅读素养的共同发展。在21世纪，以"论证-批判"为中心的科学实践活动，对培养学生的核心素养、培养学生的综合能力有明显的作用。本节基于科学论证在科学教育中的价值认同，介绍了ADI教学模型在初中化学实验中的应用。ADI教学模型是一种论证-探究的教学模型，这种教学模型对于实验教学来说格外适合，该教学模型的研究已经成熟且可以应用到科学实验教学中。

在中学化学实验教学中，示范教学占绝大多数，而示范教学又是验证教学的主体。通常情况下，在实验开始之前，教师会先把相关的知识点说清楚，然后把实验的方案、步骤、注意事项都说清楚，最后再做示范。之后，将实验现象、结果与所教授的新知识进行相应的对比，最后，教师或学生进行归纳和总结。

当前教育在应试教育的影响下只注重学生的读、写等方面的技能培养，却疏忽了学生逻辑思考能力以及推理证明能力的培养，这就造成了学生缺乏科学的推理过程，无法将进入大脑的知识进行发散式思维的应用。论证-探究式教学模型是一种有效的教学理论，它先由学生主观思考提出问题，再进行大胆假设，并且研究出验证方案。论证-探究式教学模型是针对培养学生逻辑思维、论证与推理思维、科学写作能力等提出的一种教学模型。

论证-探究式是培养和发展学生批判性思维的有效途径。探究科学课堂为学生提供了一个可以相互交流、相互质疑、在竞争比较后可以对显露的问题进行有效解决的平台，它不仅提高了学生相关的能力，同时也加深了学生对核心思想框架的梳理，拓宽了学生的知识视野。与此同时，学生在寻找证据的过程中，会把对于问题的假设在脑海中反复地揣摩、验证并修改完善，进而得到属于自己的独特的框架思维金字塔。

ADI论证教学模型是一种基于"证据-解释"为导向的教学模型。它把科学探究的学习和论证的教学相结合，利用科学论证的开展来促进科学的教学，并指导学生在对探究数据进行论证、解释和反思的过程中发挥作用。此模型包括确定任务与问题，设计探究方法、收集数据，分析数据、形成初步论证，论证互动，明确的反思性讨论，撰写研究报告，双盲小组同伴评审，修改并上交研究报告八个阶段。

在对ADI教学模型进行研究的过程中，我们发现"论证-探究"教学模型可以有效地提升学生对科学知识的认知水平，使他们更好地参与到科学实践中来，从而提高他们的科学论证能力。ADI科学论证教学模型以论证驱动探究，它不仅保持了科学探究教学对学生探究能力的培养，还鼓励学生利用口头论证和书面论证，对探究得到的数据展开分析、推理、解释，从而建立起个人的独特理解，这与培养学生科学本质观、批判性思维，以及对科学社会问题的理解等当下科学教育导向的科学教育目标相一致。

通过中国知网的检索，从1980年到2021年，共出版了1883篇与"初中化学实验教学"有关的文章。在这40多年间，1980年至2005年"初中化学实验教学"的研究报道很少，一年只有1~2篇的研究论文。但在2008年后，关于"初中化学实验教学"的文献数量飞快增长，增长速度在近几年以抛物线形式逐年递增，现如今研究论文的发表数量已达到每年200篇以上。经整理，简述初中化学实验教学的情况如下。

（1）化学课几乎没有化学实验

由于多种因素的制约，以及一些客观因素的影响，学生无法进行化学实验。至于化学实验，因为要应付实验考试，所以在考前，教师只是在课堂上做一遍，让学生们看一眼，而关于实验的现象和操作等问题，学生们也只是从书本上了解到一些。

（2）学生自己动手的机会少

教师在课堂上过多地演示实验，有时有学生参与，但参与的学生毕竟太少。因为他们常常不做实验，所以当教师要求他们上台一起做示范的时候，他们就会感到恐惧，总是手忙脚乱。而且，在考试中，与化学实验相关的题，学生的成绩普遍偏低。所以，仅靠书本知识和练习题，很难提高他们的实验技能，在考试中也很难获得好的分数，而他们的实际操作能力也有很大的问题。

（3）每次实验的时间太短

如果在一次实验的过程中发生突发问题，课堂上没有足够的时间去重复这个实验。在教学实践过程中，学生总是会经常遇到这一问题。对于学生们来说，即使发觉自己实验过程中有错误，也没有足够时间去改正自己犯的错误，所以，也就出现了不良现象。例如当学生发现实验结果与教材所展示的结果有出入时，或者实验数据出现错误时，他们对自己的实验过程产生了怀疑，只能按照教材上所展示的知识来拼凑、修改自己记录的实验结果或者对所得出的数据进行造假等。这种教学方式不仅影响了学生批判性思维的养成，还影响了他们对科学的态度。

（4）看书做实验，不能培养挑战性

课本中的实验，往往教师怕学生不会做，或认为学生不会去探究，而总是先演示给学生看，结论都差不多出来了，再要求学生做实验。对学生来说不具有挑战性，也无法培养学生自主探究的能力。

（一）目的与意义

1. 本研究主要针对以下几个方面进行了研究

① ADI 教学模型如何实施。

② ADI 教学模型对学生的科学论证能力的影响。

③ 关于实施 ADI 教学模型的意见。

④ ADI 教学模型在化学实验课上的运用策略与教学设计。

⑤ 对 ADI 教学模型在实施中可能出现的问题进行分析，并给出相应的教

学建议。

2. 研究意义

① 能够促使学科教师更新实验教学理念。

ADI教学模型符合新课标"培养合理的科学思维习惯、树立正确的科学态度、培养终身学习能力"的课程思想。从而指导学科教师从本质上对实验教学进行反思。

② 提升理科教师科学能力。

ADI教学模型要求在资料的搜集与处理、实验方案的设计与执行、数据的采集与分析等方面都要有学生的参与。整个教学过程有助于学习者发展、锻炼多种科学能力，因此有助于落实对理科教师科学能力的培养。

（二）基于ADI模型的初中化学实验教学设计

1. ADI教学模型的教学流程

在我国基础化学课程改革的背景下，如何在中学化学实验中更好地进行化学学科核心素养的培养，这是一个新的课题。ADI教学模型是一种强调以科学证明为核心，引导学生进行自主探索的模型，它与新一轮中学化学课程改革的基本思路相吻合。

针对ADI课程中各部分的教学内容，对"实验专题"课程进行了具体的教学过程安排，见表6-1。

表6-1　ADI教学模型的教学流程（"实验专题"课程适用）

教学时间	培训教师组织或引导	学员活动	所对应的ADI教学环节
第一时间单位地点：机房	主题导入：实验教学的难点与困惑是什么？（进行一个特定的主题试验）	回答问题	提出研究问题
	展示数据，引导学生进行分析，并就实验失败的多种原因进行沟通	分析原因	
	提出一个调查问题：怎样解决困难以增加试验的成功率？	在小组内，搜集数据，设计实验方案，提交实验材料清单	收集、分析数据或资料
	收集清单、准备实验用具		

表6-1（续）

教学时间	培训教师组织或引导	学员活动	所对应的ADI教学环节
第二时间单位 地点：实验室	提供各小组所需实验用具	分组实验	构建论据
	对每一组的论点和论据进行质疑，并让参加者对"已有的证据是否支持论点、是否需要收集更多的证据"进行深入的思考	小组汇报	展开论证
		小组撰写研究报告	创建书面研究报告
培训课余	对研究报告打分		
第三时间单位 地点：教室	将研究报告草稿（未经评分）和评估表随机分发给各小组	团体成员对其他团体的研究报告进行联合评估并给出反馈	互相评价
	补充总结	对研究过程及研究报告做出反思	讨论反思
培训课余		在反馈信息的基础上修订和重新递交研究	修正并再次提交报告
	对研究报告进行二轮评价		

2."质量守恒定律"ADI教学设计

（1）选题原因

该内容选自人教版九年级《化学》上册第五单元课题1。教材并没有将本节课的内容直接传输给学生，而是根据实验结果带领学生思考，再由实验进行验证，加深学生对本节课内容的了解。教学与实际联系，由学生设想并进行验证，所以本节的教学过程完全适合ADI教学模型。

（2）教材分析

在第三、四单元的学习中，学生对物质的化学反应已经有了初步的认知，已经学习了化学式、化合价、相对原子质量、相对分子质量等基础知识。为了后期更好地书写化学方程式且配平，就必须掌握质量守恒定律，因此本节课内容在教材中有着承接上文、引起下文的作用。在第一单元中，学生已经学习过关于实验室内仪器的使用方法。因此，本节课可以从实验入手，联系曾经所学过的化学反应方程式来探究质量守恒定律，为化学反应方程式的应用打好基础。

（3）学情分析

在系统地学习知识之前，学生们往往在生活实践中会得到一定的体验，这种体验就是所谓"前科学观念"。有些人的观念是与科学观念相符的，是正确的；有些则是与科学观念相违背的，是虚假的。比如，在平时的生活中，学生们看到煤炭、木材的燃烧过程，本能地认为燃烧会使物质的质量减少，这种想法是错误的，违背了质量守恒定律的科学理念。在这一过程中，教师要引导学生厘清自己心中的误区，树立起自己心中的科学观念，从而达到观念转化的目的。

在第四单元中，学生对水的知识进行了比较系统的学习，通过利用电解水的实验，已经初步具备了一定的微观想象能力和综合分析能力。

从初中生的心理特征来看，初中生对化学知识的认识尚处在初级阶段。这就要求我们要注重激发学生的学习兴趣，给他们更多的机会，让他们积极地经历探索知识的全过程，对亲身得出的数据与结果进行研究与分析，达到进行实验研究的初步目的。在知识框架的建构与实际生活的应用中，加深对科学的了解，培养他们严谨求实的科学态度。虽然学生对以往的实验操作过程已有初步的掌握，但是，本次ADI模型是学生首次接触。因此，每个步骤与细节都要由教师耐心地讲解，引导学生动手操作。

（4）学习目标

① 从宏观角度理解质量守恒定律的含义及内容并且可以进行简单的计算。

② 尝试提出高质量的主张；尝试设计验证主张的实验方案，参与到每一个步骤中；尝试用证据支持自己的观点；尝试对ADI活动中所提到的科学本质方面进行阐述。

③ 使学生初步形成科学本质观以及合作意识等科学精神。

（5）教学重难点

① 重点：透彻理解质量守恒定律。

② 难点：引导学生通过实验探究由定性的思维转向定量角度理解化学反应，了解质量守恒定律的科学本质。

（6）教学策略

本设计采用以学生为中心的教学策略，通过对学生的启发诱导，引导学生提出问题，作出假设，自己动手实验操作，验证假设，得出结论，分享实验原理，同伴小组互评，撰写报告，培养学生的科学核心素养，培养学生思维的灵活运用能力以及推理论证的能力。

（7）教学原则

本设计采用直观性教学原则、启发性教学原则、理论联系实际原则、科学性与教育性相结合原则。学生参与到课堂的实验中去，更加直观地观察实验现象，对实验结果会有更深刻的记忆，更加理解本节课的内容，对所学知识更加了解，体现了直观性教学原则的应用。教师在学生动手做实验的过程中适当地给出了建议，没有直接纠正学生的问题，启发学生主动思考解决问题，体现了启发性教学原则的应用。在实验过程中，教师引导学生将实验与实际相结合，涉及的理论与实际相联系，用理论分析实际，用实际验证理论，体现了理论联系实际原则。教师在科学的方法论的指导下指导学生进行实验，培养学生科学核心素养，体现了科学性与教育性相结合原则。

（8）教学过程

阶段1 确定任务与问题

◇ 教师活动：【提供背景信息】

① 如何判断反应是否发生？如果有反应发生，那么反应为物理反应还是化学反应？

② 从哪些现象可以表明有新物质生成？

③ 用什么样的方法表达化学变化？

内容对话：解释讲义上的"湿法炼铜"。

提出问题：化学反应前后是否有质量的变化？

工具对话：同学之间讨论讲义上提供的材料、实验设施以及评价标准等，教师适时提示。

◇ 学生活动：【回顾已学知识】

① 复习巩固已学知识。

② 对于新问题的研究，需要明确研究问题与任务：从科学的角度，设计实验并动手操作，弄清问题："在化学反应中，反应物的总质量是否与生成物的总质量相等？"以小组为单位，以自己所学到的知识及经历为基础，进行讨论。

工具对话：

① 使用托盘天平前，先将游码归零，然后调整平衡螺母，使天平处于平衡状态。在摆放物品时应遵循"左物右码"的基本原则。

② 取出固体药物时，通常使用药匙或纸槽，对少数大块的药品可使用镊子。

③ 用滴管吸取并滴入量少的液体。

④ 在试验结束后，必须对玻璃器皿进行清洗。

◇ 设计意图

充分调动学生的积极性，保证ADI活动有条不紊地进行，了解教学目标、教学方法、教学材料以及设备的使用等。

阶段2　设计探究方法、收集数据

◇ 教师活动：【安全措施】【提示完成实验】

指导学生关注实验中的安全措施，并在小组之间巡回指点，对每个小组设计的实验过程进行检查。如果是没有思路的，可以用特殊的问题来引导学生形成自己的研究方案；如果是实验方案不完善、不科学的小组，适当给出建议，指导他们对方案进行改正。待学生完成后，再让他们进行实验。经常往返于各组之间，帮助他们正确地使用实验设备，进行标准化的实验。

◇ 学生活动：【思考问题】

① 在实验过程中，请小心地将玻璃器皿取出，小心地放置，以免造成玻璃器皿的碎裂或受伤。

② 在实验结束后，用肥皂将双手洗净。

请对下列问题进行思考，以帮助搜集资料。

［问题1］这个实验是什么类型的？你们会用什么仪器来收集数据？

［问题2］实验应在密闭还是开放的容器中进行？

［问题3］在这个实验中，我们还有什么需要观察？

请对下列问题进行思考，以帮助分析数据。

［问题1］你将如何处理所得到的数据？

［问题2］为了让数据直观易懂，你打算用什么样的图表来表示？

按照教师的要求，制定和完善实验方案，小组成员之间相互配合进行实验，并收集数据解决问题。

◇ 设计意图

① 明确安全措施。

② 基于对问题的反思，对研究计划进行改进。

③ 各组按照各自制定的实验计划进行，并收集结果。

阶段3　分析数据、形成初步论证

◇ 教师活动：【巡回观察】

在各组之间反复检查，注意观察每一名同学的表现，并在必要时提出建议。

◇ 学生活动：【分析数据】【构建初步论证】

组内对数据进行分析，以简洁、直观的形式展示出来。以表6-2作为范本，对本项目提出的问题做出初步的证明。

表6-2　构建初步论证

研究问题：	小组成员：
小组主张：	
证据：	基本原理：
修改补充的证据：	进一步完善的基本原理：

◇ 设计意图

学生学习如何分析、解读数据，并在科学的基础上提出自己的观点。

阶段4　论证互动

◇ 教师活动：【组织会议】

组织和倾听团队的辩论进程。利用表6-3中的评价标准，对分享小组论证的优点和缺点进行评判，并倾听其余学生对分享小组论证的批评、反驳和怀疑。

表6-3　论证的评价标准

经验标准	理论标准
研究问题是否明确； 证据数量是否充足； 遣词造句是否通畅、流畅	主张是否与已有理论或定律一致； 证据是否合理、有效； 推理过程是否合理、科学

◇ 学生活动：【分享与批判论证】

每一组轮番发表自己的观点，面对批评和怀疑，并给出自己的反驳。经过辩论，每一组改正错误，根据表6-3所示的范本进行改进。

◇ 设计意图

学生学习以论据为基础进行论证，沟通、批判、质疑科学信息，还可以培养交流和表述的能力。

阶段5　明确的反思性讨论

◇ 教师活动：【引导讨论】

带领学生在全班进行讨论，并提出与此探究活动有关的科学实质目标。

◇ 学生活动：【反思讨论】

① 参加化学反应的各物质的质量总和等于生成的各物质的质量总和。

② 科学知识会不会发生变化？在什么样的条件下才会有变化呢？

③ 你发现了什么？你有什么推论？

在上述问题的基础上，要求学生探讨观察和推理之间的差异。

◇ 设计意图

使同学们能够较好地了解在学习过程中所探究的重要科学概念，并运用显性的方式来提升同学们对于科学实质的认知，为日后更好地开展ADI实验打下基础。

阶段6　撰写研究报告

◇ 教师活动：【分发调查报告】

·写作要求（字迹工整，用词得体，语句通顺）

·写作内容（主要有四个方面）

◇ 学生活动：【写调查报告】

学生按照以上五个阶段进行小结，并撰写调查报告。这份调查报告共分四部分。第一部分，让同学们用书面的方式说明，为何该课题如此重要，为何该课题值得探究。第二部分对资料的收集和分析进行说明。第三部分对这个团体所创立的科学论据进行全面的阐释，它包含三大要素：主张、证据、基本原理。第四部分则是以小组为单位，以自由活动的方式，通过实例，阐述对科学实质的理解。

◇ 设计意图

使学生更深入地了解科学的实质，并发展其写作能力。

阶段7　双盲小组同伴评审

◇ 教师活动：【发匿名调查报告】

将提交的无记名问卷打上标签，打乱顺序后与同行评审的标准一同发放。

◇ 学生活动：【评审调查报告】

学生小组共同协作，以双盲的方式来评价调查结果。按照同行评审的标准，协助同学们对报告中特定内容的质量进行评价（所运用的论据是否足够、是否有效以及是否有依据来支持论点）。如果评分为"否或部分有效"，那么评审员就需要提供一个特定的实例来说明这一部分是怎样被改善的。

◇ 设计意图

学生将学会评估科学信息，并发展其阅读技巧及批判性写作技巧。

阶段8 修改并上交研究报告

◇ 教师活动：【评估报告】

教师以学生的调查报告以及同学的评分为依据给出评分。

◇ 学生活动：【报告的修改】【报告的提交】

各小组依据同行评审标准的意见对其报告进行修正，并将修正的内容和未能修正的理由写在同行评审标准上。将报告连同同行评审标准提交给教师作最终评定。

◇ 设计意图

学生在他人反馈的基础上，学会改进自己的写作技巧。

（三）调查分析及研究结论

1. 调查材料的信效度分析

用问卷星小程序发放问卷124份，得到有效问卷116份，利用问卷星在线SPSS分析，得出信度分析与效度分析结果，对调查问卷的信度进行检验分析，所得到的检验结果见表6-4，克隆巴赫α系数等于0.790（α>0.5），说明该问卷具有一定的可行性，是符合设计要求的。

表6-4 信度分析

样本量	项目数	Cronbach's α 系数
116	7	0.790

巴特利特球形检验的p值为0.001，小于显著性水平0.05，说明该问卷数据适用于因子分析。KMO值介于0.7～0.8，说明效度可接受。调查问卷的题目是在导师的指导下进行编写的，多次进行讨论和修改。测量指标具有准确性、有用性（见表6-5）。

表6-5 效度分析

检验效果	
KMO值	0.763
巴特利特球形值	48.532
df	21.000
p值	0.001

通过问卷调查的结果可以得知，学生上化学课的地点大多数为教室，很少在实验室上课；上课之前学生对本节课的内容以及需要掌握的重点也是大致了解，并非完全了解；而对于书中提到的实验，绝大多数是由老师做，学生看，一般实验的知识直接讲授，有关化学考试的知识在实验中体现出来，学生并没有自己动手做实验；书中提到的实验原理学生了解程度也不高，为一般了解，并且能够做出简单的阐述。

综上所述，对于初中化学实验课来说，实施ADI教学模型是非常有必要的。ADI教学模型明确了学生的任务和目的，培养学生动手操作能力，推理分析、解释论证的能力，激发学生的学习兴趣，使同学们对化学产生极大的学习兴趣，培养了学生的科学素养和主观能动性。

2. 研究结论

利用论证-探究式模型的八个步骤，可以对学生的思维能力进行训练。在论证和推理的过程中，学生可以参与到科学推理的过程中，在不知不觉中，他们的逻辑思维和推理能力得到了提升，这对学生日后的发展产生了非常重要的影响，可以为社会科学事业培养出一批具有独立思维能力的新一代接班人。同时，它也对教师提出了很高的要求，这就需要教师进行持续的学习，不断地吸收新的知识，这也是提升教师核心素养的一个重要方面。

应用ADI教学模型需要注意的问题有教学内容的选择、问题情境的设计、论证教学环境的创设。

ADI教学模型并不适用于所有的教学内容，例如"围绕着科学概念与原理"所构成的主题具有论证价值，才可以成为论证内容。模糊的议题容易形成错误的观念。通过论证能使学生在概念上进行转换，并能使他们更好地了解科学的概念与原理。所以，在教学过程中，也要体现出对科学探究的需求，并确保其具备了探索的必然性和可行性。

创设适宜的问题情境也是开展科学论证教学的重要环节之一。首先，情境要具有真实性且联系生活实际，这样才能更好地调动学生的学习积极性。其次，在设计的情境中，要使学生对已有的概念有充分的了解，这样才能更好地把握学习的生长点，从而更好地把握教学的重点。第三，在问题情境中，使学生的问题在产生的认知冲突中得到解决，消除认知心理的不平衡。以此为动力，激发学生的好奇心，促进科学论证的教学。

对于教学环境来说，论证的发生需要一个良好的论证环境。良好的氛围才能使学生更容易表达。首先，在教学过程中，教师要认清课堂的主体，让学生成为课堂的主人，建立起对学生来说有纪律、有自主权、有自我负责的课堂环境。其次，教师在课堂上发挥辅助性的作用，让学生对自己的理解、观点和观点的转变进行反思。第三，通过建立学习小组，让学生通过小组的方式来完成数据的使用、课题的设计和报告的撰写，从而在师生和生生的良好互动中提高学生的科研水平。

3. 研究结论分析

ADI教学模型改变了以往的实验课教学方式，使之成为一种短小的综合性教学。科学和其他学科之间的关系得到了加强，各种活动也得到了融合。提高了学生的学业成就水平，加深了学生对概念的理解以及对知识框架的完善与拓展。

ADI教学模型以"论证"为重点，强调科学探究的重要性。这对当前以成果为导向的科学探究式教学改革具有一定的指导意义。教师对科学探究的认知，是进行科学探究教学、提高学生对科学探究理解的先决条件。通过对ADI教学模型的介绍，能够帮助教师更好地了解该模型所处的不同阶段和评估方法，从而为探索以本土化的科学课程为基础，进行有效的论证−探究教学提供了启发。

4. 研究的不足与展望

现在，我们国家大多数关于ADI的知识仍然是理论上的，只有少数学者支持。国外学者对ADI教育案件的研究结果显示，ADI教学模型具有巨大的潜力，因为ADI教学模型不仅增加了科学知识的学习，还培养了学生的论证能力、思维以及阅读写作能力，提高了科学素养。

首先，大多数教师在这一领域没有广泛的专业知识，他们在应用ADI教学模型时表现出了一定程度的吃力。在应用ADI教学模型时，学生的推理能力略有提高，但理性的解释更多的是基于日常生活的结论，而不是科学的解释和理论的解决方案。研究结果表明，大多数教师或成年人在工作中支持某一特定的定义，但也会出现类似的问题，就像中学生一样。

其次，并不是所有的知识元素都能很好地应用于ADI教学模型，一个好的起点可以让模型更好地发挥它的力量。文献表明，大多数教师在教学材料中应用ADI教学模型时，引入简单的调查实验，然后将其应用于ADI教学模型；一些教师巧妙地将生活中正在发展的有趣现象与基于ADI教学模型结合起来，使学生能够自然地发现该现象。

最后，ADI教学模型的评价模式需要改进。Sampson和其他人提出了一系列的评估工具，包括科学知识的评估，要求学生理解科学知识并能够描述自然科学现象；对科学写作的评估要求学生在ADI教学模型下写论据论文；行为职责评估，包括提出所有论点、操作、评估各种过程。该评估工具尚未开发，需要其他具有高估价价值的评估工具。

实践表明，已经使用的ADI教学模型是有效的，我国发展中的教学趋势可以更好地利用这些模型的优势来促进科学教育的职业发展。

首先，ADI教学模型需要教师自身具备较高的职业素质，能够将ADI教学模型很好地运用于课堂上。该模型的深入教学，将直接影响到学生对科学问题的解答。因此，在ADI教学模型中，要求教师既要把科学的知识与方法传授给学生，又要掌握解释的过程与方法结合起来。

其次，选取并确立适当的教学内容为出发点，ADI教学模型的顺利实施是当前科研工作者最为关注的课题。教学模型的选择与设计对教学效果至关重要。当前，ADI教学模型的教学设计不够完善，教师不能灵活运用ADI教学模型，也不能从教材中选取适当的内容。

最后，ADI教学模型的评价制度在实践中得到了改进。要使一个好的ADI教学模型成为现实，就必须要有相应的评估。当前所采纳的评估模型还在不断的调整中，还需要教师不断地完善，不断地检验。在一定程度上，中国的前途就在于学生们的专业素养和对科学本质的深刻认识。因此，ADI教学模型既有其必要性，也有其紧迫性和不可或缺性。

四、探析ADI教学模式应用于化学教学的策略

当下，国内外在科学教育方面都非常重视论证式教学和探究式教学，并尝试着融入中小学教学过程中，与教学内容相结合。国外首先将这二者结合形成了ADI教学模式。本节以ADI教学模式作为主要的研究对象，探析在化学教学中ADI教学模式的策略。通过文献研究整理了ADI模式近几年在国内外的发展与研究现状，表明与一般的科学探究模式不同，以建构主义理论为研究基础。本节主要是根据高中化学教学的特点和ADI教学模式的特点，研究在教学中二者结合的过程、步骤，选择最为合适的策略。ADI教学模式有八个步骤，现将每一步骤与高中化学教学结合，最后通过此研究步骤对ADI教学模式与高中化学教学课堂的融合结果进行假设，结果是怎样的，再对未来ADI教学模式在高中化学中的应用进行畅想，并尝试大力推行此模式。

学科核心素养是学科科学育人价值的集中体现，让学生在学科学习中逐步形成正确的价值观、必备品格和关键能力。高中化学学科核心素养是高中学生发展核心素养的重要组成部分，是学生综合素质的具体体现，反映了社会主义核心价值观下化学学科科学育人的基本要求，全面展现了化学课程对学生未来发展的重要价值。

化学学科的核心素养包括："宏观识别和微观探析"结合的视点分析和解决实际问题；"变化观念和平衡思想"可以从多角度、动态上分析化学变化，运用化学反应原理来解决简单的实际问题；"证据推理和模型认知"可以通过分析、推理等方法认识研究对象的本质特征、构成要素和相互关系，确立认知模型，用模型解释化学现象，解释现象的本质和法则；"科学探究和创新意识"将进行科学解释和发现、创造和应用科学实践活动，提出有探索价值的问题，努力实践，勇于创新；"科学态度和社会责任"具有安全意识和严格的科学态度，有节约资源、保护环境的可持续发展意识，对化学相关的社会热点问题进行正确的价值判断，可以参加有关化学问题的社会实践活动。

在当下我国高中化学的教学过程中，大部分教师使用的是陈旧老套的教案，使用的教学方法也是通过口述、播放视频等。对于更新的化学知识不能及时且生动有趣地传授给学生，课堂总是枯燥乏味，缺乏学习积极性。而且传统应试教育的观念深深植根于学生的思想里，在高中阶段，学生往往将重点放在语数外等分值占比较高的学科上，化学在教学中所占比例也相对较少，学生没有很多的时间去研究化学知识，高中化学内容较为精深难懂，很多学生在学习时也会感到难以理解，最后导致学生难以去重视化学学科。

教师应该选择一种更好的教学模式运用到化学教学中，本节认为ADI教学模式是一个较为合适的选择，学生可以经历像科学家建构理论知识一样提出假设、进行探究、得出结论、评价等过程，在整个过程中，学生能够了解化学知识是怎样构建的、在合作交流中发展自己的技能和思维能力，从而提高自身科学能力。

（一）研究的目的与意义

1.研究目的

①探析采用哪些策略能够将ADI教学模式更好地应用于化学教学。

②探讨ADI教学模式在高中化学教学活动中的适应性。

2. 研究意义

ADI教学模式开始国际化，几乎成为所有教育者关心和关注的一个走在科学前沿的研究课题。本研究探析ADI教学模式应用于化学教学的策略，具有以下几点意义。

① 在理论上，本研究探析ADI教学模式应用于化学教学的策略，可以更好地拓展运用ADI教学模式的方法，为相关教学研究提供一些参考，在一定方面能够为化学学科改革提供帮助。

② 在实践上，探析ADI教学模式在化学教学中的应用策略，能够为优化化学教学方面提供帮助，更加灵活地采取适合课程内容的方法，让教师更好地了解ADI教学模式并将其运用到化学课堂教学中，提高学生的论证探究能力。

（二）ADI教学模式应用于化学教学的策略

为了让学生既能学习到基础的化学知识，又能体验到化学家在研究过程中的观点以及解决问题的逻辑思维和方法，我们将ADI教学模式与高中化学教学结合应用，期待学生能够主动学习，通过亲历提出问题、获取资料、建构论证、自我反思等过程学到化学知识，养成理性思维，发展终身学习的能力。ADI模式经过大量地在中小学、大学中进行的实验研究，由最初的七个步骤修改为最终的八个步骤。

1. 提出任务

在这一阶段中，学生通过教师的引导，例如对一个需要研究的化学实验的现象确定一个研究问题，并明确任务；教师不要对学生所提出的问题进行评价，教师的目标是促使学生产生学习化学的兴趣，并为学生提供一个环境来设计和实施实验研究，让学生自己去寻找问题的答案，从而通过自主探究学习提高自己的能力，并将过去的学习与现在结合起来，同时更强调现在要进行的任务。教师还要引导全班学生讨论与学习内容相关的概念、理论、原理和术语等，并创设有关实验环境，帮助学生深入了解和掌握学习内容。

这一阶段的应用策略为问题情景设置。

教师先对本节课的教学内容进行导课，给学生创造一个情景，给出指导问题，学生明确学习目标并思考确定自己需要解决的研究问题，即学生的研究任务。学生围绕教师给出的指导问题发现自己对于将要学习的知识内容存在哪些疑问。在学生思考研究过程中，教师根据学生的研究程度为学生补充与本节课学习内容相关的拓展知识来帮助学生研究。如果教学内容涉及实验操作，在实验仪器方面，教师应该向学生说明一切注意事项，教给学生识别基本的实验器材，让学生可以描述出某些仪器的使用，对其进行熟练操作，如量筒、烧杯、锥形瓶、漏斗、蒸发皿等。然后通过对那些不熟悉的仪器设备的讲解，使学生进行深入了解。教师可以向学生说明一些相关的实验常识，帮助学生有针对性地研究。

这一阶段的主要作用是突出在科学学习中提出问题的关键性，帮助学生明确学习的目标与在学习过程中需要重点学习的内容，吸引学生的注意力和引发学生的学习兴趣，激发学生解决问题的强烈欲望和热情。

2. 设计方法并收集资料

这一过程主要是通过班级分组进行的，根据班级人数合理分组，每组不少于4人且不超过8人。每个小组设计一种方法来收集教师提出的指导问题需要的数据和资料，在设计方法之前需要考虑几个问题：收集什么类型的资料数据、用什么方法收集、收集数据后怎么进行整理分析。这些问题可以更好地帮助学生整理学习思路，教师根据具体的教学内容和化学实验在教学PPT和板书上呈现相关问题。但是在学生提出问题后每个小组首先需要与教师探讨所提出的问题是否符合教学内容，避免偏离知识核心。

这一阶段的应用策略为自主合作学习和探究学习策略。

教师给全班学生分组，学生将本组对教学内容提出的问题进行思考与讨论，首先确定整个小组的研究步骤，收集资料，分工合作，每几名学生负责不同的内容，例如：组内两名学生针对离子反应的概念及其相关理论进行查阅；其他两名学生针对离子反应发生条件方面进行研究。其次讨论出用什么方法收集资料。例如：关于离子反应的理论部分，学生可以采用查阅文献寻找答案；关于离子反应发生条件，学生可以通过化学实验的方法进行，能够充分利用教师给予的实验信息，并熟练对化学仪器的使用，化学实验是学习化学知识的最有效的手段，学生对实验过程印象深刻，能充分掌握有关离子反应发生条件的知识。最后是收集数据信息后进行整理分析，根据学生分工收集到的资料信息，每个小组可以采用思维导图的形式对知识进行清晰的整理，重点整理与本小组研究任务相关的知识，将本小组对教学内容的理解和研究进行有逻辑的陈列，在讨论阶段清晰简洁有力地表达出来。教师在每个小组学生研究讨论过程中要巡回指导，有时可以提出一些有针对性的问题，在整个过程中起辅导作用。

这一阶段的主要作用是让学生学习如何设计、自主查阅数据资料并利用合适的工具整理分析数据、进行科学研究。学生可以在这个过程中对自己将要学习的内容有非常清晰的认识，而教师要在旁边及时帮助学生，在学生出现差错的时候给予纠正，对于学生能够运用到的仪器和工具等进行陈列并给予提示，在学生讨论交流过程中教师应该来回走动并提出有针对性的问题，帮助学生更好地完成设计。

3. 构建初步论证

通过学生获得的数据资料构建一个详细的论证，论证过程应该包括解释、证据、推理部分。① 解释：每个小组创建的主张，即提出的问题，并回答指导问题；② 证据：小组成员找出用来支持其主张的证据，可以是传统的数值数据和观察结果，也可以用亲自动手实验来证明；③ 推理，即如何运用相关概念、理论、原理和术语解释证据，在这一步中还可以让学生回顾其他信息。教师让学生将自己的论据写在黑板上，将小组的解释、证据和推理展示给其他小组，便于学生在论证阶段将自己的思维来源、对证据的解说、推理目的等清晰地表述出来，有利于后续学生相互论证和评价，将不恰当的内容筛除。

这一阶段的应用策略为合作探究学习策略。

在教学过程中每个小组通过搜寻到的资料，构建有关本节教学内容的论证过程：首先每组派出代表解释本组学生对于教学内容的理解，并对不理解、有问题的地方，也就是本小组的研究任务主要是什么在黑板上进行书写，并将本组对指导问题的回答书写下来。其次小组代表在论证过程中将证据资料和实验视频利用投影仪投影到大屏幕，呈现给其他小组。最后将本组查阅的资料的具体内容全部罗列，将查阅到的理论依据大体呈现出来，让论证更加科学。在这一过程中，学生也能够将之前学过的知识与教学开始时教师讲授的理论知识、实验常识等结合起来。

这一阶段的主要作用是让学生明白科学学习不是教条主义的学习，而是有意义的学习，让学生学会利用已有的证据和理论推理支持自己提出的假设或者解释。而且学生应该懂得查阅的数据资料与结论的联系，有助于帮助学生深入了解学习内容，思维更具有批判性。

4. 论证阶段

这个阶段是学生小组展示能力的阶段，主要是对自己提出的问题假设与设计进行解释说明、揭示在研究过程中是怎样推断和这样设计的意图等。每个小组对其提出的问题和任务进行自我剖析，在研究过程中是如何证明所提出的问题是对还是错。在每个小组进行讲演的过程中，会发现学生的观点与思维有很大的差异，有些小组运用到反例论证，从与结果相反的角度去探究找寻原因；

而有些小组采用的是实验论证，通过化学实验对自己提出的问题进行探究，这一方法在化学学习过程中是非常有效的。正是因为这种差异的存在才能达到班级小组合作学习的目的，而教师在学生讨论演说的过程中处于指导者的地位，在学生犯错误时予以纠正，在一些重点缺失处及时加以补充，完全以学生为主体，整个教学过程是由学生自主探索合作完成的。学生从中感受到科学家是怎样构建理论和假设的过程，强调了推理和论证过程，从不同角度对问题进行思考，不断促进学生思维能力的提高。

这一阶段的应用策略为竞争与合作学习策略。

教师可以采取循环模式，在课堂中引发竞争：即每个小组的成员在黑板前向其他小组展示本组的观点，需要学生将本组的研究用通俗易懂的方式讲授出来，也可以播放亲自实验的过程影像来佐证本组的论证，将实验每一步运用到的概念、原理表达出来，并说明如何确定的实验步骤，使研究更具有说服力。在课堂中促成合作：当几轮以后，小组成员回归到本组进行讨论，根据其他小组的观点和实验过程改进本组的内容。在这个过程中教师注意指导和培养学生的化学术语，更好地将本组内容科学完整地呈现出来。这样学生在进行论证时，会有一种我是一名化学家的自信，有利于激发学生对化学的学习兴趣，使学生的逻辑思维能力得到锻炼。

这一部分的主要作用是帮助学生学会如何分析解释数据、如何用科学的证据来证明假设。教师通过论证过程对学生的思维能力有一个大概的了解，在班级竞争讨论中使学生加深对知识的理解，思维能力得以提高。

5. 撰写研究报告

这一阶段的应用策略是自主学习策略。

整个撰写报告过程以学生自己的思维逻辑进行梳理，对本节课所学的内容用文字进行详细阐述。

学生撰写研究报告，分享研究的目的和在研究过程中运用的方法、自己对问题解决的推理解释以及最后的论证过程。研究报告包括三个部分。

① 为什么：学生在这一部分写出探究的指导问题是什么，为什么要研究指导问题。

② 怎么做：这部分的内容是学生描述如何收集数据资料，使用哪些科学方法和手段以及怎么对数据进行分析。

③ 什么结果：这一部分由小组创建的科学论证的完整解释（主张、证据、推理）构成，以通俗易懂的方式提供证据。在撰写过程中，学生要使用相关的

科学术语，遵循标准格式，包括正确的标点符号和语法结构。

这个过程的作用是学生通过论证阶段的讨论和改进，使得本组的论证内容更加全面完整，然后将论证的过程以语言叙述的方式书写下来，形成研究报告，从一开始教师的指导问题是什么、围绕指导问题提出了什么样的研究问题、小组内部收集到什么样的资料、如何收集资料的等，可以说是对教学内容的总结。这一部分不需要占用课堂时间，留给学生课下去完成，最后教师将研究报告以作业的形式收上来。

这一部分的主要作用是提高学生理解能力、表达能力和科学写作能力，在写作过程中可以不断地对自我进行反思和修正。

6. 学生相互评论

这一阶段的应用策略是支架教学策略。

这一阶段教师将学生的研究报告以匿名乱序的形式分发给学生，学生将手中的报告与自己的研究报告进行比较，对论证过程中不同观点和有歧义的地方进行进一步的推理和研究，最后总结出手中报告的评价信息，再与其他小组成员进行交流，指出正确的和错误的观点，然后对其错误的观点进行自己的解释并提供证据以及推理的全过程。在这个过程中老师需要融入学生小组，在与学生交流的过程中，对学生错误的观点予以改正，引导学生更深层次的讨论，讲解学生都比较模糊不清的内容。学生讨论结束后，老师针对每名学生的内容进行评价，正确的内容给予表扬、存在问题的地方提出自己的思路和看法，给予学生修改意见。

这个阶段的主要作用是帮助学生学会评估科学信息，培养阅读报告、评价报告的能力，从而培养自己的批判思维和逻辑思维能力。

7. 改进阶段

学生互评结束后，每名同学根据其他同学的反馈信息与教师的观点对自己的研究报告进行修改与补充，修改完成后再将报告上交给教师，由教师来做最后的检查评价。教师通过学生的研究报告总结出共同存在的问题，在课堂上让学生进行深入练习；对于个别存在的问题，教师进行针对性指导。

这一阶段的主要任务是锻炼学生写作能力与理解内容的能力，同时教师也能够清楚地掌握学生的学习情况，根据不同学生的学习情况进行准确的有针对性的教育，帮助那些理解能力欠缺、写作能力较差的学生提高自己，减小学生的差距，尽量照顾到班级内的每一名学生。

8. 讨论反思

在这一阶段，学生对整个研究过程中出现的错误和不足进行反省和讨论，总结出现这些错误的原因，防止在今后的学习中再犯同样的错误。而教师在学生反思过程中要给予正确的引导和建议，补充内容运用到其他的学科学习中，培养学生的逻辑思维能力和论证推理能力。

（三）结论

教师通过论证-探究式教学模式八个步骤的应用，能够使每一节化学课在潜移默化中提高学生的论证推理能力、逻辑思维能力、写作能力以及科学探究能力。大大增加了学生对化学的学习热情，并对学生学习其他学科也提供了良好的学习方式，能够锻炼学习的能力，进而学生的学习成绩也会有所提升，最终帮助学生成为具有独立创新思维能力的人才。

ADI教学模式的运用也极大地提高了教师的科学素养，使教师改变传统的教学方式，运用论证-探究式教学模式促使教师不断学习，增强了教师与学生的相互作用，有利于教师及时发现学生出现的错误，并给予纠正，教师与学生教学相长，不断提高师生的核心素养。

但是ADI教学模式也存在着诸多问题，最为显著的问题就是耗费的时间长，为了让学生完整构建理论，整体下来需要的时间是传统教学时间的几倍，所以在以后的研究中在这一问题上需要找到合理的解决办法；教师的教学水平也是一大问题，当代的化学教师对于ADI教学模式的了解太过片面、不深刻，盲目运用这种模式最终的结果是既浪费时间又不能提高学生能力，所以在提高教师素养和教学能力方面还要付出很多努力。

现如今虽然关于ADI教学模式的文献较少，其应用更是寥寥无几，但是在不断发展的现代社会，ADI教学模式与现有的传统教育模式相比将会是更具发展潜力的教学模式，它不是针对应试教育的，而是在对学生的能力进行全方位培养，促进学生的探究能力、学习能力、论证能力等，最终提高学生的核心素养。但是想在教学实践中成功使用这个模式，还是存在一些困难的。

首先，该模式对教师要求很高，教师的发展水平、教师对ADI教学模式的认识等都很大程度地影响了ADI教学模式的应用，进而影响学生对论证的理解以及ADI教学模式的有效运用，所以想要将ADI教学模式与化学课堂教学成功结合实施，需要教师在论证方面、探究方面以及将二者结合起来运用方面都具备丰富的理论知识；但是仅仅有理论知识还不够，教师还要充分理解科学论证的结构以及如何进行科学论证，即对ADI教学模式的实践过程要有充分的认识和理解。所以希望在我以后的研究中可以帮助教师提高教学能力，加深对ADI

模式的理解与运用。

其次，模式的选择与设计也是一个困难所在，化学学科是可以运用ADI教学模式的学科，但并不是每一节教学内容都适合使用ADI教学模式。一个良好的课题是探究以及充分发挥论证–探究式教学模式的基础前提，现今ADI教学模式处于不断研究和实验过程，已有的案例大部分在生物学方面，所以在化学中到底哪些内容能够充分利用ADI教学模式进行教学还需要进一步研究实践。

最后，如何评价ADI教学模式？ADI教学模式的提出者提供了一系列评价工具，但并不是很完善。设计一个在国内课堂教学中行之有效的信度很高的评价工具是非常有必要的，但是现在还并未解决这一难题。

综上所述，ADI教学模式是将探究式与论证式教学结合起来，可以有效促进学生的学习，是一个富有前景的教学模式，如果能够运用在课堂教学活动中，学生的核心素养必定大大提升。虽然现在ADI教学模式还存在问题，但是我相信通过以后的研究，所有的问题都会有合理的解决方案，能够不断地创新改进。

五、基于ADI教学模式的高中化学实验教学设计与研究

本节依据新课改要求，以ADI教学模型为依据，对高中化学实验课进行教学设计的研究，用来培养学生的讨论、探究能力。本节首先对ADI教学模式进行理论分析，再对高中化学实验教学的现状进行调查研究，最后进行ADI教学设计，得出ADI模式下的化学实验教学更有利于提升学生的讨论探究能力，并且可以提高化学实验课的趣味性和参与度，应用该模式下的教学设计对学生的发展有一定的提升和帮助。

化学是一门以实验为基础的自然学科，在化学教学的过程中，实验教学占有非常重要的地位。但是，由于课程安排、经济条件、教师能力水平等各个方面因素的限制，教师在进行实验教学的过程中，过多注重的是提高考试中实验题的分数，所以存在很多问题与不足，多数的实验只在多媒体中演示或者由教师演示而学生被动接受知识。并且实验时间较少，学生讨论、动手操作、评价环节较少甚至没有，同时学生对实验的兴趣只停留在实验现象或结果上，即使出现问题也不会去深入探究或讨论，对知识的学习只注重表面。这就导致学生的实验设计能力较差、主动性不强，一节课下来不能完全体会实验的乐趣。这样的教学不利于学生发展。

《普通高中化学课程标准（2017年版2020年修订）》对于化学实验教学提

出了更多更好的要求，更加注重科学探究能力与创新意识的培养，能够从问题和假设出发，依据探究的目的，进行方案上的设计与研究，培养勤于实践、善于合作、创新的精神，同时也要有科学的态度和安全意识，发展学生对化学实验的兴趣，养成注重实证、严谨务实的科学态度。ADI教学模式又叫论证-探究教学模式，在培养学生探究能力的基础上也注重培养学生的推理、论证能力。所以采用ADI教学模式是非常可行的。

起初学者们主要注重论证的研究，最早源于图尔敏《论证的运用》的发表，他通过类比法学模型，构造了一种由六个要素构成的模型，后来的学者称之为"图尔敏模型"。图尔敏的论证模型包括六个因素，分别是主张、预料、保证、支援、限定词和反驳等。但是论证模型也有一定局限性，它着重于分析论证的结构，并不能评价论证结论的正确。在2008年，Sampson等人基于建构主义理论，提出了七个步骤的ADI教学模型。2011年，桑普森团队把ADI模型修改为八个步骤。为了使ADI教学模型研究更加完善，ADI研究团队成立了公司，组织ADI学习工作坊并开发了专门的ADI教学网站，为教师提供实施和评价教学模型相关的教学资源的开发和制定，并组织专业的网络研讨会以及发展研讨会帮助教师学习教学模型的使用。2014年至今已有24个学区的138所学校通过使用ADI教学模型来帮助学生提高科学读写技能，培养科学素养。

在国外，ADI方面的钻研已经趋于成熟，无论是在化学、生物、物理等领域的研究中，还是在中小学或大学的课堂上都得以使用，同时通过对于该项教学模式的研究，发现ADI教学模式有利于培养学生的科学论证及讨论探究能力，促进学生的发展。

在国内，ADI教学形式没有提出时，论证式教学一直作为一个热点教学模式，广泛应用于各个学科，例如，2011年，杜爱慧提出在科学教育中实行论证式教学能够促进学生对科学知识的建构、科学探究的深入展开以及学生思索与处理问题能力的造就。教师在教学中能够通过强化"表征"、组织"辩论"、运用"竞争理论"和设置"两难情境"来实施论证式教学。2016年，殷俊才立足于高中生物教学的发展，对论证式教学模式在生物教学中的教育价值及适切性进行了深入探索。2018年，李欣欣采用对照的方式开展了为期半学期的化学实验班和对照班的论证式教学实践活动，得出实施论证式教学能够提升学生的论证水平；书面论证有助于学生思维的显性化，有助于学生的知识建构；论证式教学对学生后期的思维习惯有影响。2019年，王茹设计了一种有助于培养学生展示能力的生物学教学策略，通过调查教学实践，分析比照得出高中生物教学中运用论证式教学策略，能够让学生的逻辑思维和论证能力得到提升，培养学生的科学思维，有助于生物学核心素养的造就。

随着科学论证的发展，越来越多的学者投入到了ADI教学的研究。例如，2019年，陈玉玲基于ADI教学模式对高一生物实验教学进行设计并实行，得出教学案例，得出在该教学模式下的学生能有效地改善实验态度、提升对生物实验课的喜爱，促进协作学习能力，提高了实验操作熟练度和科学论证的能力，为ADI模式在实验教学的有效施行提供实验根据。2021年，周胜林、钱长炎以"电池电动势和内阻的测量"实验为例，深入探究了ADI教学模型在高中物理实验教学中的运用。2021年，施源、解凯彬以"果汁中的果胶和果胶酶"实验为例，探究ADI教学模型应用于生物学实验教学的过程与办法，得出ADI教学模型能够促进生物实验教学的展开。

现在，学者对于论证式教学模式的研究已经十分成熟并且应用广泛，而对于ADI教学模式的研究和实施还不够成熟，对于该模式的发掘应该更加深入。并且ADI教学模式多数存在于生物和物理学中，关于化学的钻研才刚刚开始，通过对前人研究的结果进行分析，可以发现ADI教学模式在学科教学上有很大帮助，能够培养学生的科学论证和探究的能力等，所以笔者认为可以采用ADI教学模式对高中化学实验教学改进做出尝试。

通过对教材以及实验教学的分析可以发现，ADI教学能够适应化学实验的教学过程，同时这种教学模式在我国已经存在于生物和物理等教学领域，实施效果较好，可以发挥ADI教学模型的长处，弥补传统教学上的不足之处，培养和提升学生的探究讨论和创造交流的能力。

对于教师而言，通过ADI教学模式，可以更好地结合教学内容，有助于提高教师自身能力的发展和成长。

对于学生而言，通过ADI教学实践，能提升化学实验的趣味性和主动性，促进学生的核心素养发展，提高学生科学探究能力和合作交流能力，促进学生的发展。

（一）ADI教学模式理论在教学中的分析

1. 教学环节

ADI教学模式一共有八个教学环节，分别是提出问题和任务、设计方案和收集数据、分析数据并形成初步论证、论证阶段、反思阶段、撰写研究报告、双盲评议、修改和上交报告。我国高中化学课程标准中的核心素养要求培养学生科学探究的能力，而ADI教学模式符合该要求，因此为高中化学实验教学提供了新的教学方法。但是我国的传统化学实验教学用时通常规定为一节课的时间，而ADI教学下的实验时间较为灵活，教育者应该依据不同情况进行时间上的抉择，通常在200分钟左右，同时ADI教学的各个环节不一定都需要在课堂中进行，比如撰写报告可以留作课后作业。

2. 教学内容

对于实验教学内容而言，高中的实验同样在教学目标上注重知识与技能、过程与方法、情感态度与价值观的培养，而ADI教学重视学生探究讨论能力的培养，因此符合教学三维目标。同时高中化学的实验多数是比较理论化的，主要是为学习的知识服务，而ADI教学模式可很好地联系生活，激发学生的求知欲望，进而取得较好的教学成果。

3. 教学方式

首先在问题提出的方式上，ADI教学模式下的问题是由教师提出，学生针对问题进行研究。在实验开始前，教师已经明确告知学生本次实验的课题和所要用到的仪器，学生围绕这个问题展开研究。其次在小组合作的方式上，ADI活动下的学生除了内部合作外，各个小组之间也要相互论证和评价。最后在结论的得出方式上，ADI教学注重让学生自主收集证据，然后用合理的论证来得到结论，注重得出结论的过程。

4. 评价方式

ADI教学模式的评价不仅仅只有结果的评价，各个阶段中都有评价，比如实验方案的可行性、实验结论的论证过程、报告的书写等都有评价标准。同时在评价的主体上除了教师的评价，还有双盲小组评价。这种师生共同评价的方式更好地发挥了学生的主体性和教师的主导性，有利于学生的成长。

（二）ADI教学模式应用于实验教学的现状调查

1. 调查对象

理论源于实践，因此采用问卷调查法和访谈法论证ADI教学模式在高中化学实验教学中的可行性和必要性。为了确保调查结果的准确性，选取的调查对象为辽宁省海城市三所普通高中的22名化学教师，答题的教师处于不同的年龄段，其中包括11名男教师和11名女教师，并同2名教师进行访谈。

2. 调查内容设计和实施

本次调查采用两种方式：调查问卷和访谈。

首先通过文献检索的方法阅读大量有关ADI教学和化学实验教学设计等的内容，对于问卷调查进行了认真的分析和总结。其次，研究设计了初步的调查问卷，再通过导师和教授的建议和指导，对问卷进行了调整，最终形成教师调查问卷（见附录九）。最后在问卷调查的基础上，设计了访谈问题，最终形成教师访谈提纲（见附录十）。

教师问卷调查采用电子邮件的方式，由教师填写完毕后通过邮件传回，其中电子邮件发送问卷22份，回收20份，有效问卷占比90.9%。问卷回收后，通过网络视频的方式又对参与问卷调查的2名教师进行了访谈。

3. 调查结果

对于本次调查问卷的结果通过数据收集整理，形成表6-6；对访谈记录进行整理，以文字材料的形式呈现。

（1）教师问卷调查结果

表6-6　问卷调查表

序号	问题内容	选项	统计结果
1	您在实验课上经常使用讨论探究的方式进行教学吗？	A. 经常 B. 偶尔 C. 基本不会	30% 60% 10%
2	您每次实验课前，如何让学生明确实验目的？	A. 让学生提前预习 B. 直接讲解实验目的 C. 分发实验讲义 D. 引导学生明确实验目的	40% 10% 10% 40%
3	实验过程中，学生如何了解实验方案？	A. 按照教材中的实验方案 B. 亲自演示实验不足或多媒体演示 C. 学生自主设计实验方案 D. 其他	10% 50% 30% 10%
4	您每次实验课时，预留给学生的探究时间平均为多久？	A. 5分钟以下 B. 5~10分钟 C. 10~20分钟 D. 20分钟以上	20% 70% 10% 0
5	在实验课上的小组活动环节，您会安排几个人为一组？	A. 2~3人一组 B. 3~4人一组 C. 4~5人一组 D. 5人以上一组	10% 70% 10% 10%

表6-6（续）

序号	问题内容	选项	统计结果
6	如果在实验过程中出现意见分歧，您是如何解决的？	A. 直接讲解 B. 师生共同讨论后解决 C. 其他	40% 50% 10%
7	实验中，对得出的数据是否展开论证？	A. 经常 B. 偶尔 C. 基本不会	10% 90% 0
8	得出实验结论后，您是否同学生进行反思讨论和总结？	A. 经常 B. 偶尔 C. 基本不会	80% 20% 0
9	实验结束后，您会要求学生撰写实验报告吗？	A. 每次都会 B. 部分实验会 C. 基本不会	10% 80% 10%
10	在实验过程中，您会进行评价吗？	A. 每个步骤都会评价 B. 会对部分实验过程进行评价 C. 只对实验结果进行评价 D. 基本不会评价	10% 30% 60% 0
11	实验结束后，您会布置一些拓展作业吗？	A. 经常 B. 偶尔 C. 基本不会	25% 60% 15%
12	您在实验课上经常使用讨论探究的方式进行教学吗？	A. 经常 B. 偶尔 C. 基本不会	30% 60% 10%

（2）教师访谈结果

在问卷调查的基础上，选2名任教时间和经验不同的教师进行访谈。第一名教师的任教时间为4年，她在教学过程中对于实验知识比较重视，但是使用的教学方法比较单一且多数以讲授为主，对于学生的论证能力以启发诱导的方式去提升，教学中也存在一些不足。由于进修培训较少，对于一些新的教学模式了解较少。第二名教师的任教时间为15年，有较多的经验，对于实验课的教学十分重视并且能够根据不同的教学内容采用不同的方法进行教学，对于教学上的问题也颇有自己的见解，同时在ADI教学模式和其他教学模式上也有过了解，认为ADI教学模式有利于培养学生的探究能力和合作交流的能力，符合新课标的要求，但是由于教材中的内容、教学时间和其他条件的影响，能否有效实施起来仍需多加研究，对于这项调查还是十分认可的。

4. 结果分析

通过对调查结果进行整理和分析发现，多数教师对于实验课非常重视，同时也注重培养和提升学生的探究和讨论的能力，符合新课程标准的要求，但是也存在一些问题。有少部分新教师观念里知道要培养学生探究讨论能力，但不知道如何有效地实施，对于实验课的进行多数还是以教师为主，学生的积极性未被调动。同时实验时间较少，学生小组合作的人数较多，对于一些实验中出现的特殊情况和问题未能合理利用和恰当解决；虽然比较注重总结，但是多数仅仅在实验结果中存在，对于实验的整个过程没有进行及时的评价和总结。同时少部分新教师在教学中缺乏先进的思想理论，不注重研究新的教学模式去解决实验中存在的问题。

由此可见，多数教师比较注重实验中学生探究讨论能力的培养，也愿意尝试新的教学模式去弥补实验课中存在的不足，对于ADI教学模式在化学实验课中运用表示愿意尝试，可见对于高中化学实验教学在教学模式上的翻新还是有必要的。

（三）基于ADI教学模式的教学设计

1. 基于ADI教学模式的教学内容选择

ADI教学模式是一种将论证融入探究活动的浸入式教学模式，适用于具有探究性的实验教学，因而并不是一切化学实验都适用于ADI教学模式。本节结合高中人教版教材列举以下适合该教学模式的实验。

必修一：第二章探究钠与水的反应实验、第四章碱金属化学性质的比较。

必修二：第五章不同价态含硫物质的转化，第六章第一节简易电池的设计与制作、第二节影响化学反应速率的因素。

选择性必修一：第一章第一节中和反应反应热的测定、第二章第一节定性与定量研究影响化学反应速率的因素、第三章第三节反应条件对 $Fe(OH)_3$ 水解平衡的影响。

选择性必修二：第一章第二节再探元素周期表。

选择性必修三：第一章第二节重结晶法提纯苯甲酸，第二章第二节乙炔的化学性质，第三章第四节羧酸的化学性质、乙酸乙酯的水解，第四章第一节糖类的还原性，第五章第二节高吸水性树脂的吸水性能等。

以上均为探究讨论类的实验课题，适用于ADI教学模式。

2. ADI教学设计流程和课时安排

（1）教学设计流程

教学设计流程一共分为四个环节，第一个环节是确定研究问题和任务：这个环节需要教师结合教材和经验先确定好研究的问题，明确任务。第二个环节是确定实验方案和实验仪器：在实验开始前明确本次实验要用到的仪器和使用方法、注意事项。第三个环节是反思与讨论。第四个环节是编写实验讲义：结合前三个环节的准备来编写讲义。

（2）ADI活动课时安排

一般情况下ADI教学活动大概需要较长时间，而一节课的时间为45分钟，所以一次ADI教学活动大约需要3节课的时间。具体时间安排如图6-11。

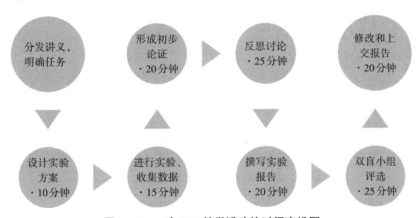

图6-11 一次ADI教学活动的时间安排图

3. "探究影响化学反应速率的因素"ADI教学设计

（1）教材分析

本节是人教版高中《化学》必修二第六章"化学反应与能量"中的第二节"化学反应的速率与限度"，是化学反应原理中的内容。在之前的教学中，学生已经对化学反应速率有了初步了解和学习，因此本课时是教学的一个深入，同时也为学生后续学习化学平衡等的相关知识奠定了基础。所以本课时在整体上起着一个联系的作用。

（2）学情分析

学生在初中的学习中已经了解了温度、催化剂对过氧化氢分解反应会产生影响，但是对于实验探究和方案设计的能力有待提升，通过ADI活动不仅可以使学生更好地设计实验方案以及进行实验，还可以提高学生的科学论证和合作交流能力。

（3）教学目标

① 能联系日常生活分析影响化学反应速率的因素。

② 能够通过小组讨论的形式，设计并施行"探究温度、反应物浓度对化学反应速率的影响"方案，并选择恰当的实验方案指导实验操作和数据收集。

③ 利用实验结果，通过逻辑推理阐明个人立场。

（4）教学重难点

① 教学重点：探究影响化学反应速率的因素。

② 教学难点：设计实验方案探究温度、反应物浓度对化学反应速率的影响。

（5）教学程序

该探究实验存在着很多的影响因素，实验设计难度比较大，因此让学生根据教师给定的实验用品，分组讨论并设计实验方案，接下来在全班人面前分享设计实验的思路和方案，再接受其他小组的评判，最后在老师的引导下选择较为合适的实验方案。

（6）教学过程

详细的教学过程见表6-7。

表6-7 "探究影响化学反应速率的因素"教学过程表

教学环节	教师活动	学生活动	设计意图
明确任务和问题，展开"工具对话"	教师在课前分发"探究影响化学反应速率的因素"实验讲义，引导学生阅读讲义中的内容，该内容包括简介中的控制变量法介绍、化学反应速率概念、催化剂影响化学反应速率。教师引导学生提出研究问题：有哪些因素影响化学反应速率？并明确探究任务：设计并实施实验，探究影响化学反应速率的因素 同时教师介绍本次实验所需的用品：$5\%H_2O_2$溶液、$1\ mol/L\ FeCl_3$溶液、$0.1\ mol/L$盐酸、$1\ mol/L$盐酸、大理石碎片、冷水、热水、试管夹、烧杯、量筒、胶头滴管。以化学小组为单位，6人一组	各小组根据之前学过的知识和经验结合实验用品对研究问题进行解释。 解释1：反应温度会影响化学反应速率 解释2：反应物浓度会影响化学反应速率	使学生明确实验问题，便于开展探究活动

表6-7（续）

教学环节	教师活动	学生活动	设计意图
设计方案和收集数据	以学生小组为单位进行方案设计，教师在小组间进行巡视、指点。指导内容如下：1. 实验的自变量和因变量是什么？2. 实验中需要记录的数据是什么？3. 对照组和实验组如何设置？4. 如何记录收集的数据？5. 实验中的注意事项是什么？6. 如何分析数据？	小组内设计实验方案。当实验得到教师认可后方可进行实验，并搜集数据	通过教师的指导，学生能够明确实验目的，更加注重数据收集，提高探究讨论的能力
分析数据并构建初步论证	引导学生分析得到的数据和现象并根据数据和现象形成初步论证	各个小组整理并分析数据，形成初步论证	通过对数据的分析，形成论证框架，提高学生论证能力
论证会议	引导学生小组间进行辩论。教师提示学生进行辩论时需要考虑的问题：1. 如何分析数据？2. 证据是否合理？3. 有没有不能用来支持观点的数据？	在辩论时，各小组派一名组员发言，向其他小组讲解论证，其他组成员可在对方讲解时提出质疑	通过小组论证的方式可以提高学生的论证交流能力
反思讨论	教师引导学生修改存在问题的论证	各小组分享辩论会中的收获，并根据教师指导，对论证进行修正和改进	通过反思讨论，提高学生科学探究的能力，有利于构建正确的论证
撰写研究报告	教师引导学生在课余时间撰写研究报告，提示学生研究报告的书写内容应包括以下几点：探究问题、探究过程、实验结果、论证过程	各小组书写研究报告，并根据教师提示详细书写研究问题、实验操作、论证过程	撰写研究报告可以帮助学生厘清思路，巩固所得，提升写作素养
双盲评议	教师将研究报告分发给各个小组，引导学生间进行评议	各小组成员上交研究报告，再由教师将研究报告分发给其他各小组，其他小组的成员对研究报告进行评审。若在评审过程中发现有未达到评议标准的，可在空白处书写具体的反馈建议	通过生生互评的方式，提升学生撰写和修改研究报告的能力

表6-7（续）

教学环节	教师活动	学生活动	设计意图
修改和上交报告	教师对学生评议后的研究报告进行二次评议	各小组成员根据同学和教师的评议，修改、完善研究报告，达标后上交	通过修改研究报告认识自身不足，并提高科学写作能力
教学反思	本课时在教学环节的设计上衔接紧密，学生能够在探究讨论中寻找正确结果，并在实验后能够通过推理的方式得出压强对化学反应速率的影响，为后续的学习做好铺垫。但是也存在一些不足，学生在表达自己观点时语言不够清晰，思维的灵敏度仍需加强		

（7）结论

本节通过文献研究、调查研究，对ADI教学进行理论分析，得出ADI教学引入化学实验的可行性和必要性，设计了教学案例并对ADI教学调查进行整理和分析，得到的研究结果如下。

①通过教学环节、教学内容、教学方式、教学评价进行分析，为ADI教学引入化学实验课堂提供参考。

②通过问卷调查法和访谈法，对我国高中化学实验开展探究讨论教学的现状进行调查，通过分析研究结果，可以发现我国在实验教学上，并没有达到对学生讨论探究能力的培养，而对于现在的教学情况而言，引入ADI教学不仅可以培养学生的科学探究和合作讨论的能力，而且还能提高学生的语言表达和逻辑思维能力。

③针对高中化学教材进行实验教学分析，发现部分实验可以应用ADI教学模式，并对"探究影响化学反应速率的因素"中的内容进行教学设计，发现ADI教学模式能够提升学生探究讨论能力，并且注重学生的主体地位，取得较好的教学效果。由于笔者经验有限，所以研究问题层次较浅，教学设计不够完善，有待后续改进。

本节对高中化学实验进行ADI教学模式的应用进行创新。从研究结果来看，ADI教学模式能够与高中化学实验的教学内容相适应，同时也符合新课程教育改革的要求，能够提高学生的科学探究和讨论交流能力，弥补了我国传统实验教学上的缺陷。但是由于笔者经验和能力不足，本节关于教材内容分析和教学设计有待提升，并且对于ADI教学后续的实践部分有待研究，所以会存在一些细节问题。

在以后的学习中，还会继续进行相关问题的研究，并不断总结经验进行改进和提升，相信ADI教学模式在化学实验上会有一个更好的发展前景。

六、基于ADI模型的"对分课堂"在物理化学课程中的应用

本节通过网络课程的教学模式，根据物理化学课程的实际性质，介绍了在物理化学课程中实现ADI教学方式与对分教学结合的具体步骤，并探讨了这种模式在物理化学课程实施中的具体运用。实践证明，这种教学方法不但能培养学生对学习物理化学的浓厚兴趣，大大提高了课程的质量，同时还可以训练学生的化学实践运用技能。

ADI教学模型由Sampson等人于2008年首次提出，之后他们将论证与探究式教学进行整合，将整个教学模型分为八个阶段。2009年Sampson又以"亲子鉴定使用的血型"为例介绍了如何开展论证探究式教学[14]。这为生物教学提供了具体可行的有效参考，以知识论证推动学生科学知识的生成，从而使学生形成科学思维。Walker等人在2012年尝试将该模型应用到了大学化学教学中。研究将ADI教学模型与传统教学方法进行对比，虽未发现两种教学方法在培养学生的证据运用能力和推理能力方面所取得的成效有显著差异，但使用ADI教学模型，学生的学习兴趣和学习积极性有明显提高。同时在中学、大学等不同学科关于此模型的一些实证性研究中，发现ADI教学模型可以帮助不同年龄段学生提高其议论文写作水平和科学探究能力。在ADI教学中，让学生为解决研究问题，设计并实施科学探究，然后以探究结果为证据，运用理性思维进行生物学论证。ADI教学模型将科学探究与理性思维深度交织在一起。它的出现顺应了国际科学教育发展趋势，符合国内化学教育发展。ADI教学模式和目前提出的"以学生为中心"的教育宗旨是完全一致的。

根据物理化学的课程性质以及我校学生的特点及其教育方法，我们认为若直接使用拓展课堂教学取代常规课堂教学方式，将会给学校造成很大影响，课堂的研究内容也较难适应。所以，建议基于ADI的"对分课堂"教学方法改革运用到物理化学课程实践中。这种教学模式，能做到课上课下相结合、课内课外衔接，让教师教学的时间可以重新进行划分，切实体现了学生的主体作用。而且这种教学方式很富有操控性，也取得了不错的教育效果。具体实施方案和案例介绍如下。

（一）以基于ADI的对分教学模式实施流程

化学专业的物理化学课程全年共128课时，一般分为两个学期进行，每周4课时，每节课2课时，每节45分钟，共32周的教学，学生重点掌握热力学、化学平衡、相平衡、电化学、界面现象与物质和动力学等六大知识点。ADI对分课堂的实现情况如图6-12所示。

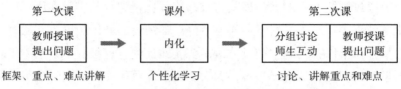

图6-12 基于ADI的"对分课堂"实施过程图

试点课以ADI为教学平台，在课堂中将学生4~6人分为一个讨论组，各小组共同探讨个人学习中的重要问题并寻找解答途径，然后教师再针对小组所讨论的内容有针对性地展开讲授，并实时调节课堂教学进度。目前我们所使用的是隔堂的对分上课方式，在课堂教学具体开展中灵活处理，可以针对不同知识点对授课时间与学生研讨的时间配比加以调节，但并非一定要求将授课时间与学生研讨时间平均分配，更不是每一次上课都使用"对分课堂"的方式。为辅助教学活动，同时便于学生在课下复习，建立了物理化学的开放式教学平台，相应的教育资源还有多媒体软件、教学活动视频、习题等。学生还会开展现场交流与难题分析，进行相互沟通，教师还将针对学生课堂教学过程中提出的问题适时做出回复。

以热力学第一定律为例。热力学第一定律是热力学的基础定律之一，这部分的理论知识比较抽象，学生对原理掌握起来也相当难，是物理化学的课程重难点之一。在引入"对分课堂"教学模式之后，在第一节课中通过对知识的进一步介绍，引入了关于气体中 pVT 性质的知识。但是利用一些日常生活中的例子来解释，实现理想气体状态方程的实际情况并不一定会出现。比如，将电热宝的能量转换为热能；在飞机飞行时，机油燃烧的能量增加为内能；在机油燃烧时，所产生的能量和向前提速的能量与反向摩擦力有关。利用这些例子，逐步地引导学生在得出结论的过程中对能量也进行了转化，进而引入热力学第一定律的概念。然后通过讲解热力学能的基础理论，介绍了热量与内能的作用。在此基础上，教师下课时为学生安排了课后自主复习的课程，让学生做复习笔记，同时也为学生安排了认真准备的课题。例如，热力学能的实质原理是什么？用热功转化理论说明了"钻木取火""水滴石穿""风吹草动"的自然过程。用热力学第一定律说明了：第一类永动机是不能存在的。这就说明了能量既非无中生有，也非无形的，第一定律为什么被叫作能量守恒定律？自然过程中能量可以变化吗？课下，学生先要温习上次授课知识，并做好自主学习部分的复习笔记，之后利用业余时间查找信息、准备按照教师所安排的问题思考并进行课上研讨，利用网络平台及时地将疑难案例进行反馈。由于此次课程是学生主动式、个体化的学习过程，可按照学生自身的知识水平和情况安排复习问题。在第二次课的第一节课上，教师根据学生在复习过程中所产生的疑难问题，引导学生集体讨论、分组讨论提出问题，并对前一课时所学知识点进行巩固。在第二次课的第二节课时，由教师讲解下一章节的重要知识点，并在下课时为学生安排自主学习中的重要问题。之后，每一次的上课形式均与第二课时的内容相同。在学完一节之后，要求学生做好总结，把本章的知识点加以归纳与总结，并绘制好章节的内容结构图。

（二）基于ADI的"对分课堂"教学模式的实践过程

1. 教师精讲内容和学生自主学习内容的分配

在"对分课堂"方法中，教师上一次课堂讲解的重难点内容和下一次课堂教学中的知识是紧密联系的，什么内容需要教师精讲，什么内容可以由学生课下自己掌握，这是课堂教学时需要考虑的一个问题。所以，在"对分课堂"方法中，教师的讲授不要求完整详细，只是把一章的重点章节加以总结，精讲内容的重难点和关键内容，让学生对一章重难点内容建立认知框架，并将学生自己能看明白的、容易一些的知识留给他们课下认识和掌握。在课堂教学实验中，学校针对学生"对分课堂"教学类型，重新进行了课堂流程设置，同时也对教材加以调整，使授课内容与学生自学知识和教材上的知识联系比较明确，对课堂中讲授的重难点内容精益求精，同时讲究方法，强调引导。对学生的直接反映就是，学生们已经明白了什么才是章节的重点难点，进而达到了有的放矢。在这种教学模式下的课堂教学不仅是单纯的"教学+研讨"，同时，既保证了教师所不能失去的引领功能，也更有效地调动了学生的积极性，使教师创造性思维和与学生的交流协调能在每一次课堂中都得以体现。

2. 问题的论证探究

基于ADI的对分教学的另一个关键特征是课后思考题和作业的布置，思考题和作业的难易程度、数量和形式直接影响学生在课后对知识的内化吸收效率和效果。在问题的论证探究时，需要注意以下几点。

① 确定了课程目的、内容和重点难点，问题的理论研究要围绕重点难点提出。以电化学章节为例，其基本要求为：掌握可逆电池的电动势计算、检测手段与应用，并了解标准电极电动势的定义与计算公式。在课堂上讲解了原电池与电解池、电池图解式表示法、一般电极反应与电池反应，以及可逆电池的定义等。为增强学生的基础认知，教师可以围绕基本内容向学生布置问题。观察电解水时两个电极上是不是有气体产生，为什么是这样的？欣赏互联网上不同材质制成的小电池的趣味实验录像和操作，以及考察各种材质制成的小电池的实际发电效果和时间长度。

② 问题的论证探究要从易到难，层层递进。在ADI教学模型中，问题的论证探究不仅仅包含内容的问题，还要注重于层层递进，逐层深入地找出与教学内容有关的重要问题，在提问的过程中激发学生思维，并激发寻求解决问题的新方法。比如在以上电化学的案例中，都反映出这一设置理念。此外，为防止因学生准备不充分或是教师不主动发言而造成在课堂交流中冷场的现象，在教学实施的初期设置课题中尽量把知识点划分为若干个小知识点，在课堂研讨中各知识点由不同的教学小组进行探讨，这样即使个别知识准备不充足也不妨碍整体教学的正常进行。

③ 课题的思想研究内容要生动、活泼、形象，理论知识与实际密切联系。在实际讨论研究的课题中，要善于运用网络技术，课题情境也要生动、活泼、形象，让抽象、深刻的现象系统化、表象化，把乏味的观点生动趣味化，以此充分调动我们的教学兴趣和研究兴趣。例如，在电化学一章中讲述了电池电动势后，可以设想如下的课题：观察网络视频，并试着在土豆中嵌入铜片和锌片，然后在两端接通导线，用串联的方式或测量的方法，观察现象并研究造成该现象的根源；在户外的夜晚如果没有照明工具，我们在户外活动时很难看到身边的环境，需要学生探索怎样使用电池制作最简单的照明设备。这一类的课题和日常生活密切联系，使学生体会到"学以致用"，才能有效地充分调动学生的兴趣，充分调动学生研究的主动性。

3. **提高学生解决综合问题的能力**

物理化学专业的知识点多、方法多、公式多，知识点的逻辑性与联系也比较多，在教学实践中要求教师必须注意知识点间的联系，并加练一些综合试题，从而有意识地培养利用化学专业知识解决综合应用实际问题的能力。比如，化学动力学中的阿累尼乌斯方程与化学平衡热力学中的范特霍夫等压方程，与化学相平衡热力学中的克劳修斯-克拉佩龙方程都有着同样的性质,这三种方程式又有何差异?学生通过这三种方程式可以分别解决哪些实际问题?再如在电化学一章,根据化学专业的特点,介绍了如何解决污染的例子:在高脉冲电流影响下,电氧化反应器里的特殊电极会生成氧负离子自由基和活化氧自由基。因为这两个自由基都具有超强的抗氧化性能,所以当污水进入电氧化反应器后,水里的有机污染物很快就会被氧化物降解,直到成为无机物(如二氧化碳和水)。我们通过查阅材料了解电子氧化处理污染物的详细流程,并分析该流程的物质都是利用何种机理进行分解作用的;当发生电氧化降解反应时,是如何只分解破坏有机物分子结构而不是把它们完全氧化成无机物;曾经学过的无机或有机化学反应,是不是现在就有可能使用这种方式的。在课堂上经过与同学们的深入探讨,启发同学们理解电化学巧妙地把电子工程与物理化学结合起来,既完成了化学物质的降解过程,也利用化学平衡增加了反应物的转化率。经过一学年这样的训练以后,学生处理综合问题的能力也获得了提升。

(三)基于ADI的"对分课堂"的教学效果

基于ADI的"对分课堂"从教师如何教到学生如何学,从课下自主学习到课堂管理模式,与传统的教学模式相比都发生了根本性的变革。在此教学模式中,教师在保证教学体系的基础上,在把握重点和难点知识的前提下,选择部分关键问题留给学生课后思考探究,引导学生对难点深入理解。学生在课后经过课程复习和完成作业,再到课堂进行"隔堂讨论",这与传统的课堂讲授为主的ADI法相比,"隔堂讨论"可以使学生有备而来,为课堂讨论的有效性奠定了基础,学生的学习兴趣和讨论质量也显著提高。在"对分课堂"教学模式中,保留了一半的传统教学的课堂讲授,有助于帮助学生把握课程的基本框架和重点难点。而课下对知识的内化吸收和"隔堂讨论"则培养了学生的主动思考能力与探究能力,提高了学生有效参与课堂讨论和小组合作能力。通过两学期的教学实践,我们发现学生已经很熟练地掌握了查阅资料的方法,课上大部分学生积极参加小组讨论并踊跃回答问题,越来越多的学生对物理化学产生了兴趣。另外,"对分课堂"的教学模式使课堂氛围变得活泼、愉快,分组讨论让基础较好的同学带动了基础较差的同学,促使学生增加了学习物理化学的积极性。在课堂讨论中,学生尝试用各种方法解决问题时碰撞出智慧的火花,这在极大程度上培养了学生的创新性思维。

学期末,我们通过问卷调查和期末测试的方式对基于ADI的"对分课堂"

的教学做出了评估，并汇总了学生对该模式教学的反馈建议。调查结果显示，92%的学员认为基于ADI的"对分课堂"模式教学增强了学生学习主体意识，并增强了教师的"教"与学员的"学"之间的互动性；85%的学生认为，在课后的复习时间管控能力和注意力的集中水平都获得了提升；80%的学生认为，对物理化学的重点难点知识的掌握水平超出了期望目标；90%的学生认为，"对分课堂"的教学增强了学生的团体合作意识。从期末测验的总分来看，实验班学生在客观题目的评分情况上和对照班并无显著差异，而在主观题的评分情况和总分却要比对照班好。这表明他们的解题能力和创造水平都获得了进一步提高。

（四）结论

将ADI教学模式的"对分教学"应用于物理化学课程教学中，通过"对分"的方式减少了在传统的课堂中教师被动接触的情况，使学生积极参与课堂内容，从而增加了学生间的交流以及与教师的互动，启发了学生主动思考的能力。有效的"对分课堂"教学方法体现出教师的教育素养与水平，要求教师不断地加强认真学习，以丰富自身的知识结构，积累学科知识，以提升课堂教学能力。在今后的课堂教学实施中，我们将根据实际教学的情况进一步调整与优化基于ADI的"对分课堂"教学方法，以培养学生的创造力，提升教学能力。

第七章　其他论证模式教学案例分析

一、探究图尔敏教学模型在初中化学实验教学中的研究

本节旨在研究图尔敏模型在初中化学实验教学中的应用效果。图尔敏模型包括六个组成部分：主张、资料、根据、支援、限定词、反驳。我们将这六个部分分别应用到实验教学中的各个方面。通过实验组和对照组的比较研究，发现采用图尔敏模型的实验教学方式能够激发学生的学习兴趣和主动性，更加符合学生的学习需求和特点，同时也能够提高学生的探究能力和创新能力。此外，本节还对初中化学实验教学现状进行了分析，发现现有教学方式存在一些问题，采用图尔敏模型能够有效地解决这些问题。因此，采用图尔敏模型的实验教学方式具有较好的教学效果，能够满足现代教育的发展要求和教学改革的需求。

当代社会中，化学在人类社会的发展中起着至关重要的作用。随着化学的快速发展，初中化学实验教学也逐渐成为初中化学教学中不可或缺的一部分，对于提高学生的学习兴趣和实践能力具有重要意义。然而，如今的实验教学仅仅停留在简单的实验操作、实验记录和实验报告等方面，难以充分调动学生的学习积极性和学习兴趣，也难以取得预期的教育效果。因此，有必要探究更加有效的教学模式和方法，以提高初中化学实验教学的效果和质量，使其更加符合学生的学习特点和需求。在这样的背景下，本研究旨在探究图尔敏教学模型在初中化学实验教学中的应用效果和实践价值，为初中化学实验教学的改进和优化提供参考和借鉴。

Simon 等人在 2006 年提出了一种教学方法，以提高教师在科学课堂上进行论证教学的能力，具体包括八个步骤：① 交流与倾听：鼓励学生相互讨论和倾听对方的观点；② 了解论证的意义：教师通过实例让学生理解论证的含义；③ 表达观点：鼓励学生提出自己的看法并确立立场，同时接受不同的观点；④ 利用证据证明：教师提示学生检查自己的证据并鼓励他们进一步辩护；⑤ 构

建论点：学生可以通过书面作业、演示文稿或角色扮演来构建自己的论点；⑥ 评估论点：鼓励学生使用证据评估自己的论点；⑦ 反驳或辩论：鼓励学生通过角色扮演提出反驳和进行辩论；⑧ 反思论证过程：鼓励学生反思以提高论证质量。这种模式有助于教师将论证过程知识转化为课堂话语，有助于确定学生论证过程的初步水平。

论证教学在国内逐渐受到科学教育研究者的关注和兴趣。2013年，潘瑶珍以TAP模式为例，阐述了论证过程的组成要素，并解释了如何衡量论证活动的质量。在此基础上，提出了教师在论证活动中可以采用的教学策略。2012年，何嘉媛和刘恩山从论证的概念出发，综述了论证式教学策略的发展、现状和科学学习的意义。任红艳和李广州于同年介绍了图尔敏论证模型在科学教育中的相关研究。

2014年，俞丽萍指出论证式教学的实施分为三个阶段，并提出实施策略。2015年邓阳提出了论证教学应关注的方面。2018年，任红艳指出论证教学中存在的问题，并提出了回归论证教学的方法。

2014年，魏亚玲运用图尔敏论证模型对比了专家型和新手型教师的化学课堂论证水平。2017年冯思宇从论证视角研究了初中物理教师的课堂话语。2020年，曾海涛运用图尔敏论证模型分析了物理课堂论证的特点。

（一）研究目的与意义

本研究的主要目的是探究图尔敏教学模型在初中化学实验教学中的应用效果和实践价值，以提高初中化学实验教学的效果和质量。具体而言，本研究旨在通过对比传统教学和图尔敏教学的差异，探究图尔敏教学模型在初中化学实验教学中对学生学习兴趣、实验技能和实验思维能力等方面的影响；并在此基础上，进一步探讨如何根据学生的学习特点和需求，设计更加符合实际情况的初中化学实验方案，以优化初中化学实验教学的效果和质量。通过本研究的实践和探索，旨在为初中化学实验教学的改进和优化提供科学的理论基础和实践经验，以促进化学教育的发展。

本研究探究了图尔敏教学模型在初中化学实验教学中的应用效果和实践价值，为初中化学实验教学的改进和优化提供了新的思路和方法。首先，通过研究，可以更好地理解学生的学习特点和需求，设计更加符合实际情况的教学模式和教学方法，提高教学效果和教育质量。其次，本研究对于促进学生的学习兴趣、实验技能和实验思维能力的培养具有重要的意义。初中化学实验教学不仅仅是知识的传授，更应该注重学生的实践能力和综合素质的培养。通过探究图尔敏教学模型在初中化学实验教学中的应用，可以更好地激发学生的学习兴趣，提高实验技能和实验思维能力，为学生未来的学习和发展打下良好的基础。

最后，本研究对于推进化学教育的发展和进步具有一定的参考和借鉴价值。随着科技的发展和社会的变革，化学学科也在不断发展和变化。通过研究和探索新的教学模式和教学方法，可以更好地满足学生的学习需求和社会的需求，促进化学教育的改革和发展。

（二）酸碱指示剂的制备及酸碱滴定实验教学设计

1. 设计策略

本实验旨在通过自主制备酸碱指示剂和酸碱滴定实验，让学生了解酸碱指示剂的种类和制备方法，并掌握酸碱滴定实验的原理和操作方法。同时，通过引导学生使用图尔敏模型进行实验探究，培养学生的探究能力和实践能力。

2. 设计流程

预备知识阶段：教师讲解酸碱指示剂的种类和制备方法，同时引导学生通过讨论和提问的方式了解不同的酸碱指示剂在酸碱中的变化。

准备阶段：教师介绍实验的步骤，让学生自己动手制备酸碱指示剂。学生根据教师提供的材料，自己动手制备酸碱指示剂。

启发阶段：教师讲解酸碱滴定实验的原理和操作方法，同时引导学生通过探究的方式了解酸碱滴定的原理和操作方法。

实验探究阶段：学生进行酸碱滴定实验，同时记录实验数据，并通过讨论的方式交流实验结果。

启示阶段：教师使用图尔敏模型进行实验探究，让学生讨论实验数据，并得出结论。学生在小组内共同分析实验数据，并在教师的引导下讨论探究问题，从而得出实验结论。

确认阶段：整理实验报告。学生根据实验结果撰写实验报告，同时反思自己在实验中的表现，并提出改进意见。

3. 酸碱指示剂的制备及酸碱滴定实验教学设计

（1）教学目标

① 学生了解酸碱指示剂的种类和制备方法；

② 学生学会制备酸碱指示剂；

③学生掌握酸碱滴定实验的原理和操作方法；

④学生学会使用图尔敏模型进行实验探究。

（2）教学准备

实验仪器和药品：硫酸、氢氧化钠、酚酞、甲醛、醋酸、红茶、蓝色墨水、酚酞溶液、氢氧化钠溶液、硫酸溶液、锥形瓶、滴定管、比色皿、试管等。

教师准备：教学PPT、实验步骤说明、实验注意事项说明、实验安全说明等。

（3）教学过程

教师讲解酸碱指示剂的种类和制备方法，同时引导学生通过讨论和提问的方式了解不同的酸碱指示剂在酸碱中的变化。

教师介绍实验的步骤，让学生自己动手制备酸碱指示剂。学生根据教师提供的材料，自己动手制备酸碱指示剂。在制备的过程中，学生可以互相交流和讨论，共同解决实验中遇到的问题。

教师讲解酸碱滴定实验的原理和操作方法，同时引导学生通过探究的方式了解酸碱滴定的原理和操作方法。

学生进行酸碱滴定实验，同时记录实验数据，并通过讨论的方式交流实验结果。

教师使用图尔敏模型进行实验探究，让学生讨论实验数据，并得出结论。学生在小组内共同分析实验数据，并在教师的引导下讨论探究问题，从而得出实验结论。

整理实验报告。学生根据实验结果撰写实验报告，同时反思自己在实验中的表现，并提出改进意见。

（4）教学评价

对学生的实验报告进行评价，包括实验数据记录、实验结果的描述和分析、对实验探究的结论等。

对学生的图尔敏模型应用进行评价，包括探究问题的选取、探究问题的讨论、实验数据的分析和结论的得出等方面。评价指标可以包括以下几个方面。

探究问题的选取：评价学生在选择探究问题时是否准确和合理，是否与实验目的和教学内容相关。

探究问题的讨论：评价学生在探究问题时是否能够积极参与讨论，是否能够合理发表自己的观点，并且能够听取他人意见并进行回应。

实验数据的分析：评价学生是否能够准确记录实验数据，是否能够进行数据处理和分析，是否能够发现实验数据之间的联系和规律。

结论的得出：评价学生是否能够根据实验数据的分析和探究问题的讨论，得出准确、合理的结论，是否能够将实验结果与实际应用相结合。

通过对以上几个方面的评价，可以对学生的图尔敏模型应用进行综合评价，从而评价学生在实验中的综合素质和探究能力的发展情况。

（三）化学反应动力学实验教学设计

1. 设计策略

本实验旨在通过化学反应动力学实验，让学生了解化学反应动力学的基本概念和实验方法，并掌握化学反应速率与反应物浓度、反应温度和催化剂等因素之间的关系。同时，通过引导学生使用图尔敏模型进行实验探究，培养学生的探究能力和实践能力。

2. 设计流程

预备知识阶段：教师讲解化学反应动力学的基本概念和实验方法，引导学生通过讨论和提问的方式了解不同的化学反应速率测量方法。在预备知识阶段，教师应该首先讲解化学反应动力学的基本概念和实验方法，包括化学反应速率的定义、测量方法和影响因素等方面，同时可以通过实例引导学生了解化学反应速率的重要性和应用。

教师介绍化学反应动力学的基本概念，包括化学反应速率的定义、测量方法和影响因素等方面。

教师引导学生通过讨论和提问的方式了解不同的化学反应速率测量方法，如体积法、重量法、光度法等。

教师可以通过实例引导学生了解化学反应速率的重要性和应用，如化学工业中的反应速率控制、生物化学反应中的速率调节等。

学生可以通过课堂讨论和互动，对化学反应速率的基本概念和实验方法进行进一步的探究和理解。

教师可以通过提问和回答的方式，检查学生的学习效果，帮助学生进一步巩固所学内容。

3. 化学反应动力学实验教学设计

（1）教学目标

① 学生了解化学反应动力学的基本概念和实验方法；

②学生学会使用光度计测量反应速率；

③学生掌握化学反应速率与反应物浓度、反应温度和催化剂等因素之间的关系；

④学生学会使用图尔敏模型进行实验探究。

（2）教学准备

实验仪器和药品：硫酸、碘化钾、淀粉溶液、氢氧化钠、比色皿、滴定管、光度计等；

教师准备：教学PPT、实验步骤说明、实验注意事项说明、实验安全说明等。

（3）教学过程

教师讲解化学反应动力学的基本概念和实验方法，同时引导学生通过讨论和提问的方式了解不同的化学反应速率测量方法。

教师介绍实验的步骤，让学生自己动手进行反应速率的测量。学生根据教师提供的材料，自己动手进行化学反应实验，同时使用光度计测量反应速率。在实验过程中，学生可以互相交流和讨论，共同解决实验中遇到的问题。

教师讲解化学反应速率与反应物浓度、反应温度和催化剂等因素之间的关系，引导学生通过探究的方式了解化学反应速率的影响因素。

学生通过实验探究不同因素对化学反应速率的影响。学生在小组内共同设计不同实验方案，探究反应物浓度、反应温度和催化剂等因素对反应速率的影响。

教师使用图尔敏模型进行实验探究，让学生讨论实验数据，并得出结论。学生在小组内共同分析实验数据，并在教师的引导下讨论探究问题，从而得出实验结论。

整理实验报告。学生根据实验结果撰写实验报告，同时反思自己在实验中的表现，并提出改进意见。

（4）教学评价

对学生的实验报告进行评价，包括实验数据记录、实验结果的描述和分析、对实验探究的结论等。

对学生的图尔敏模型应用进行评价，包括探究问题的选取、探究问题的讨论、实验数据的分析和结论的得出等方面。评价指标可以包括以下几个方面。

探究问题的选取：评价学生在选择探究问题时是否准确和合理，是否与实验目的和教学内容相关。

探究问题的讨论：评价学生在探究问题时是否能够积极参与讨论，是否能够合理发表自己的观点，并且能够听取他人意见并进行回应。

实验数据的分析：评价学生是否能够准确记录实验数据，是否能够进行数据处理和分析，是否能够发现实验数据之间的联系和规律。

结论的得出：评价学生是否能够根据实验数据的分析和探究问题的讨论，得出准确、合理的结论，是否能够将实验结果与实际应用相结合。

通过对以上几个方面的评价，可以对学生的图尔敏模型应用进行综合评价，从而评价学生在实验中的综合素质和探究能力的发展情况。

（四）调查分析

1. 研究对象

本研究的研究对象包括实验组和对照组的学生各50名。

（1）实验组学生

实验组共选取了50名初三学生，其中男生27人，女生23人，年龄在15—16岁，均来自沈阳市浑南实验中学。实验组的学生将图尔敏教学模型应用在化学实验教学中，接受启发式教学、探究式教学等教学方法的引导和辅助。

（2）对照组学生

对照组共选取了50名初三学生，其中男生26人，女生24人，年龄在15—16岁，也来自沈阳市浑南实验中学。对照组的学生将接受传统方法的教学，如灌输式教学、板书讲解等。

通过选取这些学生作为研究对象，探究图尔敏教学模型在初中化学实验教学中的应用效果和实践价值，为初中化学教育的教学改革和创新提供科学的参考和指导。

2. 研究步骤

本研究采用了实验研究和调查分析相结合的研究方法，研究步骤主要包括实验前的准备、实验过程中的教学活动、实验结果的收集与分析以及实验后的讨论与总结等。

（1）实验前的准备

在实验开始前，研究人员首先需要制定实验方案，确定实验的目的、内容和方法等。同时，研究人员还需要根据实验需要，选取适当的教材、实验器材和实验环境，并对实验所需的各种设备和材料进行准备。

（2）实验过程中的教学活动

实验过程中，实验组教师将采用图尔敏教学模型，对实验组的学生进行启发式教学、探究式教学等教学方法的引导和辅助；对照组教师将采用传统的教学方法，如灌输式教学、板书讲解等。实验的具体内容包括：为实验组和对照组学生分别进行化学实验教学，进行多次实验和练习，以达到加深理解和掌握知识的目的。实验过程中，研究人员将记录学生的反应和表现情况，同时也会进行教学活动的录像和录音，以便后续的数据分析和总结。

（3）实验结果的收集与分析

实验结束后，研究人员将对实验数据进行收集和分析。数据收集的方式包括学生的考试成绩、实验表现等，同时也将进行问卷调查，以了解学生对实验教学效果的评价和反馈。在数据分析方面，研究人员将采用相关的统计方法，如平均值、标准差等，对数据进行分析，比较实验组和对照组之间的差异和优劣，并得出实验结果和结论。

（4）实验后的讨论与总结

最后，研究人员将对实验结果进行讨论和总结，并针对实验过程中出现的问题和不足进行分析和探讨，以提高实验的可靠性和科学性，并为今后的教学改革和创新提供参考和借鉴。

3. 调查材料的信效度分析

（1）信度分析

在本研究中，问卷调查是收集学生对实验教学效果评价和反馈的主要方式之一，因此需要对问卷的信度进行分析，以确保问卷的可靠性和稳定性。

本研究中，将采用Cronbach's α系数来评估问卷的信度。Cronbach's α系数通常用于评估问卷的内部一致性和稳定性，其值越高，说明问卷具有更高的信度和稳定性。

为了评估问卷的信度，研究人员在问卷设计过程中采用了多种方法，如参考相关文献和专家意见，考虑到问卷的可理解性和易填性等方面的因素，并在问卷填写后对其进行了反复检查和修改。最终，通过对收集到的数据进行Cronbach's α系数计算，得出了问卷的信度评估结果。

经过计算，本研究中的问卷的Cronbach's α系数为0.870（见表7-1），说明问卷具有较高的内部一致性和稳定性，可以用于本研究中的数据收集和分析。同时，为了确保问卷的信度和稳定性，研究人员还进行了反复试验和检查，并对问卷进行了多次修改和完善。

表7-1　信度分析表

Cronbach's α 系数	标准化 Cronbach's α 系数	项数	样本数
0.870	0.864	7	100

（2）效度分析

问卷调查的效度是指问卷测量的准确性和有效性，即问卷能否准确地反映所要研究的变量或现象。在本研究中，为了评估问卷的效度，研究人员将采用KMO检验和Bartlett的检验来进行分析（见表7-2）。其值越高，说明问卷具有更高的效度和准确性。

为了确保问卷的效度和准确性，研究人员在问卷设计和填写过程中采取了多种措施。首先，研究人员参考了相关文献和专家意见，对问卷的设计和内容进行了反复修改和完善，以确保问卷的科学性和可靠性。其次，在数据收集过程中，研究人员还对问卷进行了反复检查和核对，确保数据的准确性和可靠性。

表7-2　效度分析表KMO检验和Bartlett的检验

KMO值	Bartlett球形度检验		
	近似卡方	df	p
0.73	53.333	55	0.019

综上所述，本研究中采用的问卷调查具有较高的信度和效度，可以用于本研究中对学生的实验教学效果评价和反馈数据的收集和分析。同时，研究人员还将在数据收集和分析过程中进行数据的质量检查和校验，以确保数据的科学性和可靠性。

4. 调查结果

在本研究中，为了收集学生对实验教学效果的评价和反馈，研究人员采用了问卷调查的方式进行数据收集。在数据收集和分析过程中，研究人员采用了多种统计方法，如频数分析、卡方检验、t检验等，对数据进行了分析和处理。

通过对问卷调查结果进行分析，研究人员得出了以下结论：

① 学生对实验教学方式的评价：实验组学生普遍认为，采用图尔敏模型的实验教学方式更加具有启发性和趣味性，能够激发学生的学习兴趣和主动性，更加符合学生的学习需求和特点。对照组学生则更倾向于传统的教学方式。

② 学生对实验教学效果的评价：实验组学生在实验成绩、实验表现和实验知识掌握等方面均明显优于对照组学生，说明采用图尔敏模型的实验教学方式具有更高的教学效果和教学质量。

（五）结论

本研究旨在探究图尔敏模型在初中化学实验教学中的应用效果。通过实验组和对照组的比较研究，得出以下结论。

① 采用图尔敏模型的实验教学方式能够激发学生的学习兴趣和主动性，更加符合学生的学习需求和特点，同时也能够提高学生的探究能力和创新能力。

② 采用图尔敏模型的实验教学方式能够提高学生的实验技能、实验表现和实验知识掌握等方面的水平，同时也能够促进学生的思维能力和创新能力的提高。

③ 采用图尔敏模型的实验教学方式具有更高的教学效果和教学质量，能够满足现代教育的发展要求和教学改革的需求。

综上所述，本研究表明，采用图尔敏模型的实验教学方式能够在初中化学实验教学中得到较好的应用效果，具有很高的实践和推广价值。

本研究的研究结论得出后，需要对其进行进一步的分析和解释。

首先，本研究的实验组和对照组是在初中化学实验教学中进行的，因此研究结论的适用范围主要局限于初中化学实验教学领域。在其他学科和领域中，采用图尔敏模型的实验教学方式是否也能够取得较好的效果，需要进一步地研究和探讨。

其次，本研究的研究结论是通过对学生的问卷调查结果进行分析得出的，因此研究结果可能会受到问卷设计和样本选择的影响，存在一定的主观性和局限性。在今后的研究中，可以结合更多的数据来源和研究方法，如实验数据和实地观察等，以获得更加全面和客观的研究结论。

此外，研究结果表明采用图尔敏模型的实验教学方式具有更好的教学效果和更高的教学质量，但这并不意味着传统的教学方式就完全没有优势。在实际教学中，需要根据不同的教学目标和教学内容选择不同的教学方式，灵活运用各种教学手段，以提高教学效果和教学质量。

综上所述，本研究的研究结论对初中化学实验教学的改进和优化具有重要的参考价值，同时也为教育教学研究提供了新的思路和方法。

二、"问题链"在初中化学教学中的应用研究

本研究通过文献分析法、课堂观察法、问卷调查法对初中化学教学中"问题链"的应用进行了研究。研究从绪论、背景意义、研究现状、理论基础、教学应用、实践研究、研究总结和展望几个方面展开，表明"问题链"教学在培养学生学习兴趣、集中学生课堂注意力、激发学生学习主动性、增强学生分析解决问题能力、发展学生思维、提高教师的专业能力等方面具有重大意义，同时也发现"问题链"的应用过程中存在着一些问题和挑战。

《全日制义务教育化学课程标准（实验稿）》（以下简称《标准》）确立了化学课程改革的重点：以提高学生的科学素养为主，重视科学、技术与生活的相互联系；倡导以科学探究为主的多样化的学习方式；强化评价的诊断、激励与发展的功能。《标准》一方面强调科学探究是一种重要而有效的学习方式，在内容标准中对各主题的学习提出了探究活动的具体建议，旨在转变学生的学习方式，使学生积极主动地获取化学知识，激发学习兴趣，培养创新精神和实践能力；另一方面将科学探究作为义务教育阶段化学课程的重要学习内容，在内容标准中单独设立主题，明确地提出发展科学探究能力所包含的内容与培养目标。而"问题链"是经过系统的设计和有序的链接，为学生创造了一个良好有效的思考途径，切实地提高学生的问题分析、解决能力，满足了《标准》中对学科核心素质的培养要求，使学生成为学习的主人。

传统的教学方法学生是接受知识的主体，导致学生只会死记硬背，过度地依赖老师、缺乏思考，思维和创新能力较差，形成了以教师为主体的教学模式，教师成了课堂的独奏者。在传统问题教学法中，产生的作用非常有限，学生主动思考能力较弱，非常依赖教师的答案，导致问题失去了最根本的作用。在教学活动中我们应采用教师主导和学生主体相结合的教学模式，教师的主导作用是指教师引导学生向着理解问题的方向发展，让学生在这个过程中逐渐掌握分析解决问题的思维方法。"问题链"教学方法满足了这一要求。所谓"问题链"就是教师设计出环环相扣、层层递进、前后呼应、具有较强逻辑性、能够将知识穿插连接在一起的一系列问题。相比较传统的问题教学模式而言，"问题链"在激发学生探究思维上具有较强的效果，而在思考的过程中，学生的分析能力、科学思维会得到调动，切实满足了当前新课标中对学科核心素质

的培养要求。所以，"问题链"在初中化学教学中的应用研究是非常有必要的，具有重要的现实意义。

姚禾在《关于"问题"和"问题链"》中提出："所谓'问题链'不是指一组问题的简单罗列与堆砌，而是指问题与问题的精心连接与递进，其建构原则，可以确定为：①'问题链'中的每一个问题都必须符合前述关于'问题'和'好问题'的特征和标准；②在广度上，必须能覆盖重要的知识点、基本的题型、常规的解法和技巧；③问题与问题的连接具有逻辑性和激发性。"

王后雄在《"问题链"的类型及教学功能》中指出："'问题链'是教师为了实现一定的教学目标，根据学生的已有知识或经验，针对学生学习过程中将要产生或可能产生的困惑，将教材知识转化成为层次鲜明、具有系统性的一连串的教学问题；是一组有重点、有序列、相对独立而又相互关联的问题。"教学中的"问题链"，对学生学法的形成有较强的导向作用，是促进学生理解和掌握知识、发展学生的思维能力、评价学生的教学效果以及推动学生实现预期目标的一种有效控制手段，是提高课堂教学效率的一种教学策略。

在《巧用问题链导学，提高语文课堂效益》一文中，蔡伟总结出几种常见的"问题链"导学的方式：集中式提问、启发式提问、迂回式提问、阶梯式提问。

2005年，鄢红春提出"问题链"教学模式，认为该模式强化了学生的问题意识，使课堂的单向交流变成多向，使学生主动获取知识。

2016年，王素珍对石家庄市四所高中进行数学"问题链"的研究，针对"问题链"模式的问题提出了有效的改善方法。

2016年，刘晓莉等围绕"问题链"的实践应用进行研究，更新"问题链"应用与教育学的一些方法。在文科方面，研究人员也将这种方法应用于英语教学。

2014年，陈慧丽通过对多个班级的实证研究，验证了"问题链"教学法对于高中学生英语成绩的提升。陈慧丽认为，问题是形成教育和学习行为的核心，这是开放学生思维的最重要的关键，如果学生学到的知识有任何矛盾或好奇心，就不可避免地成为一个问题。这种意识冲突是培养学生思维的动力，在解决问题的过程中，学生会积极思考，不断探索和发现。

2017年，骆品相根据学生的认知发展方法，建立了"问题链与指导"的问题式教学模式。该模型主要通过创建问题、解决问题、感知问题来指导教学。

希腊哲学家苏格拉底提出的"产婆术"是国外问题教学的萌芽。苏格拉底认为：所有的知识都来自困难本身。教师不是将知识直接传递给学生，而是学生提出问题，然后思考和回答。如果学生无法回答或答案错误，教师会指示学生逐步找到答案。

法国教育家卢梭早在十八世纪就提出了问题教育的想法，他认为问题的提出并非是直接告诉学生真相如何，而是传授学生探讨真相的方法。此后，诸多行业人士开始关注基于问题视角的教学方法。

杜威认为"良好的教学必须唤起孩子们的思想"。并提出了"五个步骤的思考过程"，他提出了解决问题的不同假设，根据问题的设置推导出假设，并验证假设的对错，然后进行纠正。

苏联教育家马赫穆托夫提出的问题教学基本理论体系成为20世纪最具影响力的问题教学研究。他撰写了关于问题形成以及基础理论和实践的文章得到了广泛的探讨，丰富了问题教育的理论体系，得到了广泛的认可和使用，已成为世界各国主要的教育模式之一。

文献研究表明，国内外关于"问题链"应用的研究相对较少且主要集中在"问题链"设计等方面，尤其是"问题链"在初中化学教学中的应用研究。但是近些年对问题教育的研究在慢慢地增多，也有越来越多的学者和专家在不同的规模上进行了教育和实践，而对于"问题链"在初中化学教学中的应用还需要大量的研究与实践。

（一）研究目的与意义

改变传统教师教学的模式，丰富教师的教学方法，通过"问题链"教学提高学生思考问题的逻辑性，增强学生课堂注意力的集中，帮助学生能动地参与到课堂学习中，以学生为主体发挥教师的主导作用，同时也帮助教师提高专业水平、增强教学能力。

化学是初三才开设的课程，学生面临着升学的压力，面对对这门陌生的课程，会出现对化学的学习方法掌握不够的情况，一些学生会把它当作文科类知识进行死记硬背，缺乏自己独立的思考和对化学学习的兴趣。这就需要教师采用合适的方法进行引导，发展学生的思维，提高教学的效率。而"问题链"教学能够照顾到班级内绝大部分学生的认知基础，通过由浅入深、由个别到一般、由简单到复杂的"问题链"教学，给学生搭建了一个前进阶梯，让学生逐步地实现知识内化，在吸收知识的同时形成发散思维。然后，"问题链"教学的应用可以拉近教师和学生之间的距离，师生在通过对问题的探讨交流过程中建立了一个和谐的师生关系，营造一个良好的课堂学习氛围。此外，"问题链"教学的应用还有助于教师专业能力的提高，要设计出相互联系，环环相扣，层层深入，符合学生思维逻辑的、又要激发学生学习兴趣的"问题链"，需要教师在透析教材的基础上，把握住教材重难点、结合教学目标、考虑学生思维精心设计"问题链"。同时在"问题链"教学实践中需要不断地总结反思从而完善教学。因此"问题链"教学的应用有助于教师理论与实际的结合，提高教师业务水平。

（二）问题链在初中化学教学中的应用

1."问题链"运用的原则

（1）难度适度原则

"问题链"的运用要遵循适度原则，即"问题链"的数目和难度要适度。在课堂上，教师要考虑提出问题、学生思考、回答问题、教师讲解问题等环节需要的时间是否能够在达到教学目标的基础上保证教学任务的顺利完成，既不能因满堂提问而忽视学生基础知识的掌握，也不能因没有提问而使学生思维刻板固执，要根据具体的教学内容设置适度的问题数目，在保证教学任务正常完成的同时也开阔了学生的思维。难度适度就需要教师了解学生已有的知识水平，立足于学生的实际情况，从学生的整体水平出发，做到难易适度，既不能过于简单又不可过于复杂，充分发掘他们的潜能，使他们在已有知识基础上通过自己独立的思考和教师的引导来掌握新的知识，满足最近发展区理论。

（2）循序渐进原则

不管是学习还是工作或程序都是需要逐渐推进、逐步提高的。"问题链"的运用要遵循循序渐进原则。学生个体身心发展是一个有顺序的、持续不断的过程，个体发展的顺序性决定了我们的教育活动必须循序渐进地进行，无论是知识技能的学习还是思想品德的发展，都应由浅入深、由易到难、由少到多、由简到繁、由具体到抽象、循序渐进。"问题链"的运用需要由浅入深、由易到难，通过问题的递进引导学生在逐层深入中获得知识的掌握，从而使他们思维的广阔性、发展性、深刻性得到同步提升。

（3）整体性原则

"问题链"的运用要遵循整体统一的原则。各问题之间存在紧密的逻辑关系，相互联系、相互贯穿，紧紧围绕教学目标和中心问题进行，明确问题所指向的知识主体方向，突出知识的重难点，引发学生一连贯的思考。在把握整体性这一原则上，"问题链"的运用可以驱动教学的进程、教学目标的实现，帮助学生建立化学学习的思维体系，为学生未来的学习和可持续发展奠定必要的基础。

（4）启发性原则

在教学中教师要以学生为中心，尊重学生的主体地位，激发他们的学习激情，引导他们独立思考、自主探索，使他们能够在和谐积极的学习氛围中掌握科学知识。"问题链"的运用要遵循启发性原则。启发性原则注重学生寻找问题答案的能动性，而不是被动地接受知识。所以"问题链"的应用就需要教师通过引导性的问题来激发学生学习、思考的兴趣，激发他们自主探究的激情和动力，使学生能够自主投入课堂教学中，通过教师的引导结合已有知识掌握新知、获得启发。

（5）目的性原则

"问题链"的运用要遵循目的性原则。需要根据具体的教学内容、教学目标设置与教学内容密切相关的一系列问题，需要明确每一个问题的设置是否紧扣教学目标、是否能够抓住教学重点、细化教学难点，是否能够达到教学三维目标。需要理清楚问题间的逻辑关系是否能够帮助学生理解、掌握知识，是否能够引发学生进一步深入的思考，是否能够驱动教学任务的推进，是否能够达到教学目的和实现教学效果。这些都是需要仔细思考的问题，"问题链"的运用不是盲目随机的，每一个问题的存在都应发挥其价值。

2."问题链"运用的案例

通过课堂观察法了解鞍山市华育中学初中化学的教学情况，了解制取氧气的"问题链"教学应用情况。

◇ 教学分析

本节教材的地位：

本节是人教版《化学》初中第一册第二章第三节的内容，在本章节和历年中考化学实验加试中都是重点内容之一。

本节教材的作用：

本节课既和前面所学的仪器操作、氧气的性质等知识相连接，又是后面二氧化碳的制取、物质的制备等知识学习的理论和实践的基础。从整个教材知识来看，起到了承上启下的作用。

◇ 学情分析

起点知识分析：

学生经过课题2的学习和活动，已经对氧气的性质、用途有了深入的了解和学习，对氧气是如何产生的这一问题已经充满了探究的兴趣。

起点能力分析：

通过前面知识的学习，学生已初步具备了实验观察能力和掌握了一些简单的实验操作技能，为本节内容的学习起到了很好的铺垫作用，但这是气体制备的起始课，学生第一次学习气体的制备，没有任何的实践经验，需要教师加以引导和辅助。

◇ 教学设计

教学目标：

① 了解实验室制取氧气的原理和主要方法。初步了解通过化学实验制取新物质的方法和注意事项。

② 初步了解催化剂和催化作用。

③ 了解分解反应。

④ 掌握实验过程的基本操作。

教学重点：

氧气的制法和实验操作。

教学难点：

催化剂的概念、作用和实验装置的选择。

教学方法和手段：

"问题链"教学法。

◇ 教学过程设计

表7-3 实验室制取氧气教学设计

教学环节	教师活动	学生活动	设计意图
情景引入	通过上一课时的学习，我们知道氧气是非常重要的，应用在医疗急救、潜水等方面，那么同学们想一想这些氧气是如何制取的呢？	思考	温故新知有利于知识的衔接，同时设疑吸引学生学习的兴趣
高锰酸钾实验原理探究	1. 高锰酸钾制取氧气 首先介绍实验原理，再通过播放实验视频来讲解具体实验过程，最后教师提问实验装置为何这样选择	观看视频，仔细听讲，回答问题	通过视频演示加深学生印象，激发学生探究的欲望。在了解整个实验后提出问题有益于学生分析问题

表7-3（续）

教学环节	教师活动	学生活动	设计意图
实验步骤及注意事项探究	讲解高锰酸钾制取氧气实验具体的过程步骤，用简便的方法来帮助学生记忆	学生回顾已播放的视频并仔细听讲	培养学生归纳总结的能力。同时引导学生灵活地学习
	提问学生实验操作中应该注意哪些问题	学生回答	培养学生独立思考和实验观察能力和知识的总结能力
过氧化氢实验探究	2.分解过氧化氢制取氧气 讲解分解过氧化氢制取氧气的原理和提问学生该如何选择装置，是否和高锰酸钾制取氧气装置一样，不一样的话原因是什么	学生仔细听讲	讲解实验原理有利于学生更好地掌握知识，循序渐进，学生可以更好地接受知识。通过提问有利于学生自主总结
二氧化锰作用实验探究	提问学生其中二氧化锰的作用，进行三个实验探究	学生观察实验现象	引发学生求知的欲望
二氧化锰概念	教师对学生提问通过实验观察二氧化锰的质量和性质是否发生了变化，并引出新概念催化剂，同时指出实验探究结论：二氧化锰是催化剂	学生描述实验现象	通过实验观察得出结论具有说服力，同时培养学生实验观察能力、分析问题、总结问题能力
氯酸钾实验探究	3.加热氯酸钾制取氧气 讲解实验原理和提问装置应如何选择。并和前两个实验装置进行比较。	学生仔细听讲	通过比较学生能更加清晰地掌握每一个实验的装置选择
	将三个实验的反应原理进行比较，让学生观察并提问反应物和生成物有什么规律。最后总结这种反应为分解反应	学生观察并回答反应物有一种，生成物有两种	进行总结对比得出结论有利于学生更加深刻地掌握知识
总结	这节课我们学习了三个实验室制取氧气的实验，同时还了解了催化剂和分解反应的定义	学生仔细听讲	有利于学生贯彻整节课知识
教学反思	1.板书设计需要加强。 2.培养学生主动学习的能力，多让学生自主思考。 3.讲解时要克服紧张，多加强训练		

◇ 板书设计

制取氧气

实验室制法

高锰酸钾法

过氧化氢法

氯酸钾法

催化剂

分解反应

制取氧气教学案例中，教师一直坚持实验室制取氧气三种方法的原理这一个核心知识点设计一个具有层次性、逻辑性的"问题链"，循序渐进地呈现新知，使学生始终保持想要继续学习下去的兴趣和欲望，最终掌握实验室制取氧气的原理和方法。

（三）调查研究

1. 问卷调查的基本情况

（1）调查目的

通过问卷调查了解鞍山市华育中学初中化学教学中"问题链"应用的情况，整理调查的数据并进行分析，最后得出结论，为研究提供事实可靠的依据。将分为应用前和应用后的调查研究使研究更具有鲜明性，具体从以下几个部分展开。应用前：学生最喜欢的教师教学方法、对"问题链"教学的了解情况、教师对课堂教师提问的看法、对初中化学"问题链"教法运用的看法。应用后：学生对"问题链"教学新的看法、对"问题链"教学是否有利于学习的态度、教师对提问学生的答问情况反馈、对教学效果的看法。

（2）调查对象

问卷调查的对象是鞍山市华育中学初三的三四两个班部分学生，这部分学生是我在实习期间进行课堂听课的学生，同时也包括实习听课教师在内的整个初中部的化学教师。

（3）调查内容

在阅读文献、借鉴其他学者问卷的基础上以及征求导师的意见之后修改制定了本研究的调查问卷，本问卷共设有20道选择题，其中应用前学生和教师各5道，应用后学生和教师各5道。试卷内容见表7-4和表7-5。

2.整理和分析调查数据

对回收的问卷进行分析和整理，废除无效问卷，将有效问卷数据录入统计系统，有关问题的数据制作统计图表。

（1）调查问卷数据整理和分析

对问卷进行回收、分析和整理，将每个问题的选择录入数据统计系统，情况如下。

表7-4　学生问卷调查

序号	问题	选项	结果
1	您喜欢教师哪种教学方法？	A. 讲授法 B. 活动探究法 C. "问题链"教学方法 D. 讨论法	24% 30% 18% 28%
2	您了解"问题链"教学方法吗？	A. 很了解 B. 一般 C. 不了解	15% 15% 70%
3	您对教师的提问感兴趣吗？	A. 非常感兴趣 B. 比较感兴趣 C. 一般感兴趣 D. 毫不感兴趣	15% 34% 41% 10%
4	您在课堂上会积极回答教师的提问吗？	A. 总是会 B. 看问题难易 C. 总是不会	24% 46% 30%
5	您认为教师的课堂提问怎么样？	A. 问题难度适中，循序渐进 B. 提问后，留给学生足够时间思考 C. 问题设计合理，但难以引导知识的迁移 D. 提出的问题不够明确	26% 35% 29% 10%
6	您喜欢教师的哪种教学方法？	A. 讲授法 B. 活动探究法 C. "问题链"教学法 D. 讨论法	22% 28% 28% 22%
7	您在课堂上会积极回答教师的提问吗？	A. 总是会 B. 看问题难易 C. 总是不会	30% 46% 24%

表7-4（续）

序号	问题	选项	结果
8	您认为教师的提问对知识掌握的引导作用大吗？	A. 作用非常大 B. 作用比较大 C. 作用不大 D. 完全没用	30% 45% 18% 7%
9	您认为"问题链"教学怎么样？	A. 非常好 B. 比较好 C. 一般 D. 不好	20% 42% 30% 8%
10	您如何评价教师的提问？	A. 提问难，常回答不上来 B. 问题合理，能够引导知识的迁移 C. 与知识联系不大，听着走神	18% 70% 12%

表 7-5　教师问卷调查

序号	问题	选项	结果
1	您常用的教学方法是什么？	A. 讲授法 B. 讨论法 C. "问题链"法 D. 活动探究法	51% 18% 13% 18%
2	您了解"问题链"教学法吗？	A. 非常了解 B. 比较了解 C. 一般了解	30% 60% 10%
3	您会在初中化学教学中采用"问题链"式教学法吗？	A. 经常会 B. 偶尔会 C. 从不会	30% 64% 6%
4	您如何看待"问题链"在初中化学教学中的应用？	A. 需要根据具体内容选择 B. 缺乏足够的时间设计"问题链" C. 有助于学生理解知识	35% 35% 30%
5	您认为课堂上使用"问题链"教学方法的目的是什么？	A. 引导学生深入掌握知识 B. 集中学生的注意力 C. 发展学生的思维	27% 41% 32%
6	您认为问题教学法值得应用吗？	A. 非常值得 B. 比较值得 C. 不值得	55% 40% 5%

表7-5（续）

序号	问题	选项	结果
7	您认为应用"问题链"的效果如何？	A. 非常好 B. 比较好 C. 一般 D. 较差	28% 33% 25% 14%
8	您认为应用"问题链"教学对学生有哪些作用？	A. 有利于增强对教材知识的理解 B. 有利于学生学习能力的培养 C. 有利于活跃学生的思维 D. 有利于学生表达能力的培养	40% 29% 21% 10%
9	您认为有效的"问题链"应符合哪些条件？	A. 吸引学生学习的兴趣 B. 有紧密的逻辑 C. 加深对知识的理解	30% 37% 33%
10	您认为影响"问题链"应用的原因有哪些？	A. 学校升学的要求 B. 课程进度需要 C. 学生参与度 D. 设计"问题链" E. 教师知识水平	10% 22% 25% 25% 18%

应用前对学生问卷调查分析整理：问题1表明学生相比于"问题链"教学法更青睐活动探究法和讨论法；问题2表明学生对"问题链"这种教学方法不熟悉，是陌生的；问题3表明学生对于教师的课堂提问感兴趣度是一般的；问题4表明大部分学生回答教师提问的主动性取决问题的难易，也有相当多的同学回答问题的主动性是极低的；问题5表明大部分教师是能够在掌握问题的难易同时也能够给学生留有足够的思考时间，但也有较多部分教师的提问对学生知识的掌握没有实质性帮助，不能达到教学目的。

应用前对教师问卷调查分析整理：问题1表明教师更青睐传统的讲授法，对"问题链"教学法、讨论法、活动探究法采用的较少；问题2表明教师基本还是了解"问题链"教学方法的，但是只有少数教师是非常了解；问题3表明很大部分教师还是会采用"问题链"教学方法的，但是通常会根据具体内容选择合适的方法，极少数教师不会采用；问题4表明虽然"问题链"能有助于学生理解知识，但是缺乏足够的时间设计"问题链"，还需要根据具体内容选择合适的教学方法；问题5表明教师选择"问题链"的目的是引导学生深入掌握知识、集中学生的注意力、开阔学生的思维，说明"问题链"在这些方面具有重大意义。

应用后对学生问卷调查分析整理：问题6表明学生在了解"问题链"教学方法后还是能够接受喜欢这种教学方法的；问题7表明看问题难易程度选择是否回答问题的学生还是占大部分，但是总的能够回答教师提问的人数有所增加；问题8表明很大部分学生认为教师的提问对学习是有作用的，极少部分认为是完全没有作用的，说明"问题链"教学对学生整体来说还是有帮助的；问题9表明大部分学生对于"问题链"的教学效果是肯定的，也有少部分认为一般，极少数认为不满意；问题10表明极少部分认为教师的提问难度较高并且与知识没有联系，但部分学生认为是合理的且有助于知识的掌握。

应用后对教师问卷调查分析整理：问题6表明基本上教师都是认可"问题链"的应用的；问题7表明大部分教师对"问题链"的教学效果是肯定的，也有少部分表示效果一般，极少数不认可；问题8表明大部分教师认为"问题链"在帮助学生了解知识方面有很大作用，其次是思维、学习和表达能力方面；问题9表明教学对"问题链"的合理性主要集中在是否吸引学生学习的兴趣、是否有紧密的逻辑、是否加深对知识的理解三方面；问题10表明"问题链"应用中面临着学校升学的要求、课程进度需要、学生参与度、设计"问题链"、教师知识水平等一些挑战。

（四）研究的总结与展望

通过文献分析法、课堂观察法、问卷调查法的研究分析"问题链"的教学方法对学生的学习和教师专业能力的提高都是非常有利的，但同时也存在一些问题和挑战。

（1）"问题链"应用的优点

① 提高了学生化学学习的兴趣和独立思考的能力。

"问题链"教学法使学生在解决问题的过程中找到了成就感，从而提高了学生学习的兴趣，提高了学生课堂的参与度，保证了课堂注意力的集中。通过教与学交流互动建立了和谐友好的师生关系，营造了一个活泼向上的学习氛围，保证了教学的顺利进行。学生在教师的引导下自主地分析问题、思考问题并表达自己的观点，增强了学生的表达能力，开阔了学生的思维，培养了学生发现问题、分析问题、解决问题的能力，充分地发挥了教师的主导作用、尊重了学生的主体地位，以学生为中心，使学生逐渐养成独立自主学习的良好习惯。

② 有助于促进教学高效地开展。

"问题链"教学是围绕教学内容设计一系列"问题链"来展开教学，具有很强的指向性，每个问题的提问目的也很明确。问题之间环环相扣，螺旋上升，最终实现教学目标。每个问题都是为发展学生思维能力、构建知识体系铺下的台阶。学生在"问题链"的指引下，在思考问题、解决问题、发现问题中不断循环，积极追寻问题的答案。同学之间为解决问题，不断产生思维的碰撞，所有同学都参与到问题的解决中来形成合力，你一言我一语，自然就慢慢接近问题的真相。在学生思考讨论到一定的程度，答案呼之欲出时，教师适时点拨，学生自然也就明白了。这样的教学方法，能够促进教学的有效性和高效性。

③ 有利于学生学习成绩的提升。

"问题链"的应用是根据学生已有的知识水平进行的，能够照顾到班级内绝大部分学生的认知基础。"问题链"只有一个核心问题，但其有不同层次的问题，通过由浅入深、由个别到一般、由简单到复杂的"问题链"设计给学生搭建了一个前进的阶梯，让学生明确学习方向，有利于学生逐步深入掌握知识从而实现知识的内化，达到教学的根本目标。

④ 有助于促进教师专业发展。

在面对教学任务重、时间紧等困难时，教师如何合理分配课堂问题时间，合理地运用"问题链"以保证在短短的课堂时间内实现学生学习效率的最大化，这是对教师的很大的挑战。教师作为课堂教学的组织者和引导者、"问题链"的设计者，需要对"问题链"教学方法有全面系统深入的了解，遵循"问题链"的运用原则，了解学生已有知识水平，结合自己班级的学生情况，设计出符合学生的思维发展过程的"问题链"，因材施教让班级所有的不同层次的学生都能有所收获。在课堂教学实践时，深入分析研究教材，与学生实际相结合，设置合理的"问题链"，不断反思"问题链"设计是否有效，是否能够顺利开展，最后对"问题链"进行评估优化。教师在此过程中充分发挥其创造力，其专业能力、教学实践能力、与学生交流沟通能力都会得到锻炼提高。

（2）"问题链"应用的不足

① "问题链"设置缺乏创新性。

"问题链"的设计是一件具有挑战性的事情，要让"问题链"教学方法的应用呈现出好的效果，首先就得设计出一个新颖的、缜密的"问题链"。在进行"问题链"设计时很难把握住平衡，一种是教师偏重教材重难点，直接将教材内容的重难点按照一定的顺序组成"问题链"条，这就忽视了学生学习的激情，导致学生思维固执缺乏创新。一种是教师偏重学习兴趣，将教材内容表面化、娱乐化，提出的问题缺乏思考的价值，这就忽略了学生对基础知识的掌握和教材重难点的透析。甚至有的教师直接搬运其他教师的教学设计，这样既使教师自己不能充分把握教学过程又使学生处于课堂迷茫处境，对于教师的提问可能一头雾水。

②"问题链"教学娱乐化。

问卷调查中显示大部分的学生表示喜欢自主探究、讨论式的教学方法，而不是枯燥繁杂的提问，数据表明学生喜欢开放性的、自主性的教学方式。通过实习课堂听课情况发现，为了克服化学知识抽象化强、联系复杂的问题，教师通常借助多媒体教学手段帮助学生理解抽象、复杂的实验过程，小组讨论教学模式交流探讨呈现的环环相扣的问题，但由于部分教师对教材的透析和教学实践的经验不足，难以将"问题链"教学法与其他教学手段有效结合起来，也难以保证学生交流探讨的有效性和真实性，以及难以保证留给学生独立思考时间学生是否能够正确、合理的运用。这些问题都会导致"问题链"教学偏离最初的预想，走入本末倒置化的境地。虽然课堂学生活跃度高、表达交流氛围好，但是忽略了教材内容的讲授，课堂提出的问题也过于肤浅，没有启发的价值。

本研究结果表明"问题链"在初中化学教学中应用是很有价值的，但同时也面临一些挑战，面对这些挑战我有如下建议。

① 教师需要增强"问题链"在初中化学教学中应用的能力。

教师作为学习者、领导者，终身学习的践行者，其教学能力与知识的储备量直接影响"问题链"设置的逻辑性、创造性以及学生学习的质量、效率，这就需要教师深入钻研专业教材，多学、多思、多省，通过深入学习专业理论知识提升理论水平，提高整合各方面知识的能力，以深厚的专业理论和渊博的知识储备为基础做终身学习的践行者，推动"问题链"在初中化学教学中的应用，为教育事业贡献出自己的一份力量。

② 改变学生学习的方式。

传统的教学方法更加关注学生是否掌握书本知识，学生是被动学习的机器。当面对新的"问题链"教学方法时很难自觉地融合其中。面对教师的提问，学生是否能够自觉主动地思考分析，参与到课堂上来；面对教师留给的思考问题时间，学生是否能够摆正位置合理正确地把握，而不是放松走神；我们要培养学生养成自主学习的习惯，以学生为主体，让学生真正地参与到课堂上来，保证课堂"问题链"教学的质量，学生在开放性、灵活性的氛围下能够达到高效率的学习。

由于本研究有限，希望在未来有越来越多的学者和专家投身到相关研究中来，挑战难题、解决疑虑，丰富和完善"问题链"在初中化学教学中的应用研究。

三、基于"问题链"的初中化学探究实验教学设计研究

在初中化学实验教学中，教师需要根据不同的课题进行教材和学情的研究创设教学情境，高质量的问题不仅能加深知识点之间的联系，也是加工信息的重要工具。"问题链"在学生自主学习以及思维的形成方面有突出作用。目前仍然有部分教师在教学过程中轻视"问题链"的设置，对相关内容理解不多或使用不正确，出现问题设置过多、难度不适合、不利于学生理解等情况。基于此，本节通过查阅文献和教育实习过程中与教师、学生的访谈进行分析和记录，旨在通过"问题链"与化学实验教学设计的研究，让教师更好地设计和实施课堂教学活动、完善教学方案、提高教学质量和专业水平，使学生能够在实验探究中基于"问题链"进行展开，从而逐步解决问题。

化学知识的学习是对现实生活中的现象进行观察、分析、提问、解决的过程，化学的研究要从问题的提出开始。在实验探究中提出问题，采用探究式教学的模式更有利于提高学生学习兴趣，激发求知欲，发挥实验的多重教学功能。

《化学课程标准》中描述"强调要培养学生具有较强的问题意识，能自主地发掘并提出有探究价值的化学问题，敢于质疑，培养出自主思考的能力。"学习动机起源于好奇心，通过思考解决疑惑，"怀疑、困惑"是思考的开始，也是促进问题的发现与提出的动力。化学课堂教学中，"问题"是整节化学课堂的核心，是维系着化学知识步步深入的纽带，是问题思考与探究的驱动。如何进行问题设计、引导学生思考，执教者需要合理地、有层次性地设计课堂教学，用一系列有内在联系的问题去引导学生自主地提出问题、收集信息、积极探究从而将问题解决。基于"问题链"对化学实验探究教学设计展开研究，通过"问题链"引导学生掌握化学在宏观辨识与微观探析、理解变化观念与平衡思想、学会证据推理与模型认知、发展实验探究与自主创新意识、养成严谨的科学精神以及对社会的责任。

最早的"问题链"起源于希腊哲学家苏格拉底提出的访谈法。他提出的这

种教学方法又称为"产婆术"。这种问答方式分为三步：苏格拉底嘲讽、定义和助产术。苏格拉底认为：所有知识都来自困难本身，学生会提问，并进行反思和解答。如果不能解决问题或者是不完整地回答问题，教师就会指导他们，让他们循序渐进地去寻找答案。在布卢姆的"认知领域"教学目的分类方法的基础上，外国学者对"识记型"和"理解型"问题进行了分类，将低层次提问设置为识记、理解型问题；应用、分析、综合、评价型提问视为高层次提问。在《提问技巧与策略》一书中，汉金斯总结出来的"问题"主要包括：提示教学、教材重点；提高学生的认知能力；团队协作和集体讨论。

苏联教育工作者马赫缪托夫于1975年首次提出问题教学的理论基础。马赫缪托夫从问题教育的基本原则出发，对问题进行了研究：第一，教师要在讲课之前给他们一个问题的环境；其次，在问题的背景下，教师可以通过悬疑来刺激学习者的学习兴趣和积极性，积极参加探索研究，培养学生的科学性思考能力。马赫缪托夫的问题教学思想已应用在世界各国主要的教育模式中，在教育界得到了广泛认可和接受。

2006年，美国学者在提出大量相关问题和分析实际教学反馈的基础上，提出了根据教学主要任务和目标构建与教学内容有联系的问题和知识框架的基本理论，以设计多层次的问题围绕教学知识点展开，以多个有联系的子问题引导学生检索已学的知识点，从一种熟悉的认知操作转向另一种新的认知操作，利用已有的知识尝试解决问题。目前对系统且有层次的"问题链"运用到化学实验教学设计的研究较少，研究还有待进一步完善。

我国的教育教学方式是主要受儒学的教学理念所影响的，它以提问的方式来引导学生思考方向，激发学生的学习积极性。在新课改背景下，我国也在不断健全教育教学制度，探索新的教学观念、教学方法，课程改革的重点逐渐转移到提高教育教学质量上来。在文科教学方面，研究员陈惠丽在2014年以教学实践为基础，对"问题链"教学法在英语教学中的学习效果进行了实证分析。学生在解决问题时会主动积极思考，不断地去探索、去发现。韦冬余在2019年认为，在课堂上，提出具有前后逻辑联系的问题是激发学生进行深度思考的一个重要手段，可以开启学生思维的"大门"，是促进学生思维发展的催化剂。朱炳丽和杨霞于2015年建议，问题设计要明确、清晰、连贯，问题要适度，提问要切合教材的重点难点，问题要有趣味，要给学生适当的时间思考。

"问题链"是提高教学质量、开展教学的一种行之有效的手段，并在化学、物理、生物等诸多学科教学中得到了广泛的应用。"问题链"教学的提出来由已久，但国内对"问题链"的研究还处于起步阶段，需要大量的教学实践来对理论进行研究。

（一）研究目的与意义

在以往的传统课堂教学中，教师的注意力主要集中在教学风格和教学方式上，而没有重视学生的学习热情和听课状态，大多数学生的学习兴趣、认知习惯、认知态度和方法策略等都没有受到重视，当今化学课堂中也普遍存在这一状况。实验教学是化学教学的一个重要方法，如何更有效地发挥教师主导作用，指导学生在实验探究中分析现象、进行设问、验证假设、发现下一个问题、联系知识点、构建知识框架是教师在设计和研究教案时需要思考的问题。在化学实验探究教学中设计"问题链"可以有效解决知识点零散的问题，通过多个子问题将整节课内容由一条或多条线索进行联系，更有利于学生进行总结和复习，相比传统教学方式能起到更好地加深印象的作用。

《国务院关于基础教育改革与发展的决定》将我国新一轮基础教育课程改革的任务确立为：从学科本位、知识本位到注重每名学生的发展，实现我国中小学课程体系的历史性转型。从根本上讲，这就是全面提高学生化学学科素养和化学综合能力的要求。这就要求教师深入研究和分析教材，转变教学的观念，认识到学生是学习的主体，在教学过程中发挥引导作用，将教学过程转变成学生主动提出问题、运用知识解决问题的科学探究创新构建知识的探索过程。

对于初中化学教师，应充分发挥"问题链"在化学实验探究中的作用，精心设计教案，让问题与具体实验步骤紧密联系、环环相扣，从而达到训练和提升学生发散性、开创性思维的目标。教师只有设计出高质量的问题，能让学生在化学实验探究过程中更加深化概念、规律的理解，将教科书上前人所总结出的间接经验转化为学习新知识所必需的感性认识和积累直接经验、获取知识。当前教育领域的一个重要问题是如何在中学化学实验探究教学中，按照"问题链"进行教学设计，如何有效地设计"问题链"，扩展学生的发散性思维。

（二）初中化学"问题链"实验探究教学设计

1."问题链"教学设计

（1）"问题链"设计原则

① 最近发展区原则。

"问题链"实验探究教学设计是学生利用所学知识对事物进行观察、分析、主动提出问题、设计并实施方案进行验证、得出结论的问题设计。教师在设计实验探究教案过程中，要充分利用学生的生活资源、生活经验以及学生所了解的化学信息。问题的设计要契合学生知识基础、符合学生年龄特征和认知规律。执教者要注意把控问题难度，若问题过于简单，学生会大意而不去认真自觉思考；反之，如果问题太难，超过了学生所能承受的知识水平，学生就会在思考过程中失去学习兴趣，对问题产生恐惧心理，不愿意思考或等待教师公布答案，不利于主动学习和思维的发展。教师设计的问题要让学生"跳一跳"才能找到问题的答案。

②生成性原则。

学生在提出问题、解决问题的过程中通过研究和分析逐步掌握知识，此时学生可以自主地将知识进行迁移，生成问题，通过实验探究验证结论，巩固所学知识。生成性原则具有开放性的、多维的、非预测性的特点，这些问题在实验探究前是没有发现的，会随着知识掌握程度提高，可以不断发现和提出。比如，"实验的注意事项有什么""实验过程有什么不足""会导致什么结果"等。预测学生可能的回答并及时进行解答，对教师的课堂组织也有一定要求。

③整体性原则。

实验探究的问题不是随便设计的，提出的"问题链"是为教学内容服务的。初中化学学科知识具有基础性、系统性、逻辑性强的特点，因此，在"问题链"实验探究教学设计准备阶段，教师应该认真分析和研究教材，整体把握所教内容与前后知识的联系或初中阶段所有教材中的地位，确定实验探究教学目标，明确学生在经过本次实验之后所要掌握的知识技能。体现化学学科知识的逻辑顺序和教学内容的内在联系的问题不仅有利于学生由局部到整体地掌握化学知识、构建知识网络，也能启发学生，训练发散性思维。

（2）"问题链"实验探究教学设计

①导入性"问题链"。

导入性"问题链"是教师在实验探究导入课题、实现课堂理论知识与实践的转换联系而创设的问题情境。作为课堂开始的导入"问题链"，要起到吸引学生注意力，激发主动学习探究兴趣，让学生产生强烈求知欲的作用。

②过程性"问题链"。

过程性"问题链"是实验探究的核心"问题链"。过程性"问题链"有很多类型，其中包括探究性问题、拓展应用问题、发散性问题等。学生在探究过程中体验问题解决、知识框架构建的过程，获得思维水平和能力水平的大幅度提升。"问题链"的类型需要同时具备探究、发散、递进、拓展应用中的一种或几种。

③ 总结性"问题链"。

在实验探究接近尾声阶段提出总结性"问题链",帮助学生构建起知识框架,形成科学、系统、全面的知识体系。通过"问题链"让学生将零散的知识进行串联,便于回忆、复习、检索和提取知识。

2."问题链"教学课堂实施

在中学化学教学大纲中,科学探究是提高学生对科学探索认识的一个重要组成部分,其中包括发展科学探究能力、学习基本的实验技能、完成基础的学生实验。依据"问题链"设计原则,首先教师要熟悉初中化学教材,明确初中阶段知识体系。只有逐层分化、突破重难点,设置梯度目标,由浅入深,层层递进才能达到循序渐进的效果,这样具有梯度目标的"问题链"设计可以让学生在探究过程全面发展。

3."问题链"实验探究教学的实践研究

(1)研究内容

① "问题链"实验探究教学设计对教师备课的影响。

② 初中化学教师对于"问题链"教学设计的评价。

③ 对部分初中化学实验探究内容设计"问题链"案例,通过教案设计分析特点以及实施过程中可能遇到的问题。

④ 初中化学教师对于"问题链"实验探究设计的评价方案。

(2)研究方法

"问题链"实验探究教学设计、教师访谈记录。

4. 教学设计

表7-6 《质量守恒定律》"问题链"设计提纲

步骤	"问题链"设计
一、探究质量守恒定律	1. 阅读化学史内容,想一想质量守恒定律是如何发现的。
	2. 列举身边的化学变化,在这些反应过程中质量有什么变化?
	3. 物质反应都有什么样的类型?反应前后状态有何变化?
	4. 进行猜想,反应前各物质质量与反应后各物质质量是否会发生改变?
	5. 怎样验证质量守恒定律的准确性?

表7-6（续）

步骤	"问题链"设计
一、探究质量守恒定律	6. 如何选择实验探究药品、装置？
	7. 设计实验具体方案、并在教师的指导下进行实验
	8. 什么是质量守恒定律？它的定义是什么？有什么关键词？
二、验证质量守恒定律	9. 联系课前举的例子，为何有些物质反应后固体的质量会出现增加或减少的情况？
	10. 利用教师提供的药品，设计类似实验，并思考怎样才能得到准确的实验结果？
	11. 怎样科学严谨地去探究质量守恒定律？此定律是否适用于所有反应？
三、探究是质量守恒的原因	12. 质量守恒定律的关键要点是什么？
	13. 通过电解水的微观示意图，分析在化学反应过程中有什么是改变的？什么是不变的？
	14. 不变的元素与微观粒子之间存在什么样的联系？
	15. 如何从宏观和微观的角度解释质量守恒定律？

◇ 教材分析

（1）本节教材的地位

"质量守恒定律"一节是初中人教版九年级上册第五单元的内容。本课题是学习如何正确书写化学方程式的理论基础，本节课是初中化学的重要内容之一。

（2）本课题在教材中的作用

① 本课题包括质量守恒定律与化学方程式两部分内容。在质量守恒定律的内容中，通过提出问题指导学生认真观察，经过小组讨论或独立思考得出结论。

② 利用学生已有的宏观变化和微观知识，在实验探究的基础上，认识质量守恒定律，理解质量守恒的实质并利用它分析解释一些现象。

◇ 学情分析

（1）起点知识分析

在学习本章内容之前，学生已经基本掌握了一些有关物质组成的知识，基本了解物质可以发生化学反应形成新的物质，但是并不了解反应前各物质质量与反应后各物质质量之间的关系。

（2）起点能力分析

学生已具备从宏观和微观角度分析化学反应本质的能力，但未具备从微观角度分析质量守恒原因的能力。

◇ 教学设计

（1）教学目标

① 通过对化学反应中反应物以及生成物的质量测定实验，使学生正确理解质量守恒定律，发展学生辩证唯物主义观点。

② 通过对化学反应的实质分析，使学生从微观角度理解在化学反应过程中反应前与反应后各物质质量总和相等的原因，诊断并发展学生"证据推理与模型认知"化学核心素养。

③ 从宏观和微观的角度分析化学反应的本质，并进一步解释质量守恒的原因，诊断并发展学生的"宏观辨识与微观探析"化学核心素养。

（2）教学重点

对质量守恒定律含义的理解和运用。通过测定不同化学反应前后质量的实验，探究出质量守恒定律。

（3）教学难点

质量守恒原因进行微观分析、内容比较抽象，不易理解。

（4）教学方法和手段

启发式、讲授法、实验法、讨论法、多媒体辅助教学。

◇ 教学过程设计

（1）问题情境引入

讲述化学史：1673年英国科学家波义耳的金属燃烧实验；1756年俄国科学家洛蒙诺索夫的金属锡高温煅烧实验。

问题1：上述两位科学家进行的实验操作有何不同？结果如何？

问题2：哪位科学家的说法是正确的？我们要如何验证这一猜想呢？

教师引导：带着这样的问题，让我们一起开始今天的学习，探究化学反应前后物质质量的变化。

（2）新课讲授

问题3：生活中有哪些化学反应？这些反应前后物质的质量仍然相等吗？

学生根据生活中观察到的现象进行回答。

探究实验：红磷与氧气在密闭的环境下反应实验、稀硫酸与铁钉反应实验。

学生在教师的指导下进行实验，将实验前后物质质量记录下来。

问题4：两个实验现象是什么？实验注意事项有哪些？物质反应前后的状态都有何变化？通过以上两个实验，能够得出什么结论？

问题5：若红磷未反应完全便打开锥形瓶或将硫酸替换成稀盐酸，对结果有何影响？

问题6：什么是质量守恒定律？请同学们思考讨论，质量守恒定律是所有反应都适用吗？如果不是，那么要点有哪些？

问题7：在前面举出的生活中的化学反应中，为何会出现反应后质量增加或者减少的情况？如何来进行探究？

（3）探究实验：稀盐酸与碳酸钠粉末反应实验镁条燃烧反应实验

问题8：实验现象是什么？对比反应前后物质质量有何改变？这些现象是否说明质量守恒定律是错误的？

问题9：对于有气体参与的化学反应，我们在验证质量守恒定律的过程中需要注意什么？

质量守恒定律的解释：以电解水为例，微观角度还原化学反应。通过多媒体演示电解水微观示意图。

问题10：化学反应的本质是什么？在这个反应过程中，有什么是改变的，什么是不变的？不变的元素与微粒之间有什么关系？

巩固练习：以本节课实验为例，尝试从微观角度阐释质量守恒定律。

5. 案例特点

在"问题链"实验探究教学设计过程中，教师需要根据教学目标设计探究实验过程中的"问题链"，提出一系列有知识点联系的问题引导学生思考、合作交流、解决问题、丰富认知。在"质量守恒定律"这一课时中，教师可以利用学生生活经验、学校多媒体资源演示或由学生进行实验，并在实验结束后进行小组讨论与交流，解决问题。学生可以在实验探究的过程中理解抽象的概念和知识。在教学过程中学生对化学现象提出问题、再解决问题，对学生的综合能力培养更有帮助。教师也在引导过程中创设了培养学生自主提问的教学情境，营造了平等民主的师生交流课堂氛围。

（三）实验探究教学设计结果与分析

对比使用"问题链"进行化学实验探究教学设计和常规实验探究教学设计展开教学活动的班级学习效果，在课后对比班级测试成绩、学习情况及教师在备课过程的感受与教学设计实施的评价进行统计分析。

1. 教师访谈内容

（1）教师访谈

课程结束后，对本校几位化学教师进行了访谈，访谈内容如下：

您在实验探究教学设计过程中会使用"问题链"教学吗？

您认为问题教学和"问题链"教学有区别吗？区别表现在何处？

对比常规实验探究教学设计，您认为进行"问题链"教学设计好展开吗？

您在设计"问题链"实验探究过程中是否遇到过问题？

通过几节课的"问题链"实验探究实践，学生的反馈如何？

与传统实验探究模式相比，您认为"问题链"展开的实验探究有何优势？

（2）教师访谈结果分析

在访谈的十位教师中，有七位教师使用过"问题链"教学，其中四位在实验探究中使用"问题链"教学次数较多。

十位教师均认为问题教学与"问题链"教学有明显差异，问题教学中的提问是比较独立的，通常是根据知识点对学生进行提问，问题形式比较单一，学生回答也基本以书上概念为主，不讲求问题的连续性。而"问题链"对问题与问题之间有相互联系的要求，前后问题之间环环相扣，问题难度层层递进，注重问题的连续性、梯度性，让学生在回答上一个问题后将得到的答案应用到下一个问题的解决中。

有三位不使用"问题链"进行实验探究设计的教师认为，"问题链"教学不容易展开，中学化学知识基础并不复杂，多以记忆为主，直接讲授效果更好；有两位仅在部分班级使用"问题链"的教师认为，"问题链"并不适用于所有班级，有些班级学生基础知识较薄弱或课堂纪律较差，自律程度较差，仅有部分学生在思考，剩下的学生则在坐等答案公布。

访谈中了解到教师在进行"问题链"实验探究设计教学过程中常遇到的问题有：提出的问题质量不够高，问题难度的把握不够好；问题与问题间知识点如何进行联系；课堂上一直提问会不会使学生产生厌烦情绪；提问时机还需要在教学过程中多进行反思总结；提问后学生若是无法回答而冷场，回答不够积极时应该如何重新调动学生。

在四位经常使用"问题链"进行实验探究教学设计的教师中，有两位教师表示，基础较好的班级学习效果不错，大部分学生都能参与到课堂中，能带动学生学习的积极性，课堂氛围很活跃；另外两位教师则认为效果有待提高，基础稍差的班级可以回答简单的问题，遇到难度稍微高的问题大部分学生都在等答案。

对于基于"问题链"的实验探究教学，大部分教师都表示相比传统实验探究模式，"问题链"教学更有优势，能够吸引学生注意力，训练发散性思维，养成独立思考的习惯。能够在实验过程中收集信息，验证实验证明自己的猜想。"问题链"教学中采用提问法，能有效集中学生注意力，揭示矛盾并化解矛盾，让学生有一种解决问题的成就感，增强学习动力。"问题链"教学由浅入深、层层递进，符合学生思维逻辑，使学生在实验探究过程中更加深入地理解化学知识。

2. 学生访谈内容

（1）学生访谈

随机选取五位教师经常使用"问题链"进行教学的班级，每个班抽取三人进行访谈。将15份访谈结果进行整理、分析。

对学生进行访谈，主要是想了解"问题链"实验探究教学效果，访谈内容如下：

① 是否喜欢"问题链"的实验探究教学？对你的化学学习有什么帮助？

② 教师在课堂上提出的问题能否全部回答上来？不能回答的原因是什么？

③ 和传统的实验探究教学相比更喜欢老师采用哪种教学方法？

④ 你认为"问题链"实验探究还有什么可以改进的地方？

（2）学生访谈结果分析

学生访谈共15人，所有学生都喜欢教师在化学课堂上使用"问题链"展开实验探究。有12名学生认为"问题链"的实验探究教学对知识点的记忆非常有帮助，通过思考后得出的结果往往印象更加深刻，上课注意力也更集中。另外3名学生表示，教师在实验探究过程中提供思考的时间过短，导致一些问题还没有思考出结果，便已经知道了答案。

但相比于传统的实验探究教学，15名学生表示更倾向于"问题链"的实验研究教学，因为教学过程的知识重点清晰，问题与问题之间关系紧密，运用分析推理的方法得出结论非常有成就感，因此对化学产生了浓厚的兴趣。

对于"问题链"的改进方向可以归纳为以下两个方面。

设计问题的意见：教师要注意问题表述的准确性和具体性；在对问题进行探究实验之前可以尽量完善一些实验思路和提示，尽量不要在探究过程中再进行补充；课堂提问可以增加考试内容、结合考点进行设计，对做题更有帮助。

对实验探究内容的组织：在进行实验探究课前，可以适当布置预习任务或查找资料的活动，在课堂提问过程中不会显得突兀。在探究过程中简单问题可以快速带过，但比较复杂的问题希望可以多提供一些思考的时间，多开展小组讨论。

3. 研究结果分析

对学生来说，实验探究本身与其他学科相比更有吸引力，这种吸引力来自对实践操作和各种实验现象的观察，在实验探究的基础上增加"问题链"，可以更好地串联知识点，学以致用。但在实验探究过程中非常依赖教师的教学设计和课堂组织能力，教师对问题难度的把控、提问时机、提问方式要求很高，对新手教师是一个考验。

从教师的访谈内容来看，大部分教师对基于"问题链"的化学实验探究教学都持有肯定态度，一方面，"问题链"对学生知识体系的建构形成发挥了很大的作用，尤其是在发散性思维的训练方面都有积极作用；另一方面，对教师来说"问题链"在实验探究的运用中大大提高了教学质量，活跃了课堂学习氛围。但在设计问题和应用到课堂的过程中仍存在问题，问题难度不适用于所有班级，对于基础较差的班级有可能需要重新进行问题设计。

教案设计过程中需要耗费大量时间和精力进行问题的研究，初三化学教学时间相比其他科目更紧张，因此在新授课上使用频率不高，相比"问题链"，会更常使用讲授法。希望能有更高质量的"问题链"案例给一线教师提供参考。

（四）结论与展望

通过文献调查研究、个案访谈法进行分析，"问题链"教学方法对于学生学习化学、进行科学探究是有利的，大部分学生都能在基于"问题链"的实验探究中掌握知识、提高思维能力。根据访谈结果进行研究，得到以下结论。

① 基于"问题链"的化学实验探究教学能够有效提高学生学习热情。

②"问题链"对于学生学习情感、知识、能力等方面都有积极的促进作用。

③"问题链"实验探究教学适用于基础较好的班级，对于基础稍差的班级可以适当进行引导，同时还要注重问题难度的设置。

综上所述，提高"问题链"实验探究教学效果的关键在于灵活。在教学过程中发挥学生主体性，既是新课改的要求也是有效进行课堂教学的关键。要根据不同班级、不同学生实际的情况进行问题设计，扬长避短，因材施教。

当然，"问题链"在化学实验探究的教学设计中的应用还是有局限性。对化学实验开展"问题链"教学模式的班级还比较少，开发的教学案例主要是根据教学经验和对学科的理解进行设计，适用范围较小，对于不同的班级和不同基础的学生还需要重新设计，泛用性不高。

通过文献研究，我发现"问题链"的化学实验探究教学设计研究与实践文献还较少，在初中化学教学乃至实验探究中的实践研究都处于初期阶段，教师没有更好的案例进行研究和参考，许多愿意开展"问题链"实验探究教学的教师又缺少经验积累和研究设计的时间。

希望"问题链"能够更多地应用于化学实验探究，能够从有丰富经验的教师、网络教学案例视频中学习经验，设计出更高质量的"问题链"。

四、5E教学模式在初中化学实验教学中的实践研究

为了学好化学知识、寻求真理，需要通过实践与实验。因此，在化学这门学科的教学中，不能仅仅注重化学知识的传输，还应着重注重化学实验的教学。5E教学模式是广泛应用于科学探究中，由引入、探究、解释、迁移和评价五个环节构成，该教学模式的基础是构建主义学习理论。本节将以文献法、问卷调查法、访谈法对5E教学模式展开研究。本次的教学实践，将从三个时段来展开。第一个阶段是前期，主要任务是对教师以及学生进行访谈。第二个阶段是中期，在课堂实施5E教学模式。第三个阶段是后期，对学生再次进行采访和调查。

我们都知道，学习化学知识，学习一门以实验为基础的科学，为了寻求真理也需要通过实践—实验。相反，真理需要通过大量实践来证明，化学也不例外，科学家通过大量实验，从一个个数据记录中总结出规律，得出结论。因此，在化学这门学科的教学中，不能仅仅注重化学知识的传输，还应着重注重化学实验的教学。

在现阶段的初中化学教学中，不乏灌输式的教学、只注重知识理论的讲解。对于初三刚接触化学的学生来说，这种教学模式只适合于让学生快速地接收大量的知识，学生被动地接受，没有经过自己的经验总结，还是会有陌生感，如果不加以记忆性复习只会慢慢淡忘，并且干巴巴的文字讲解也难以让学生提起兴趣。

在教学中，教师不重视化学实验，也成为一大重要问题之一，为了争取在课堂上多补充讲解知识点，对于一些时间占比大的实验，教师通常以演示实验的方式一笔带过。由于各个地方发展不一样，对化学实验重视程度也不一样，所以缺少一个配置完善的实验室也是一大问题。

拜比于二十世纪九十年代末在美国生物科学课程研究会中提出5E教学模式，是对伊利诺大学的Myron Atkin提出的Myron-Atkin学习环教学模式进行的补充和完善。Atkin认为，正常情况下，探究活动中教师起到指引者的作用，引导学生踊跃参与到课堂探究活动中，从而最终建构科学的概念。1989年，Lawson等人将Myron-Atkin学习环教学模式原本的三个环节的名称依次更改为：初步探究、概念引入和概念应用。该模式是科学探究与知识主动建构的统一，并且重视学生已有知识和经验。紧跟其后的一些国家，譬如英国，德国，日本等等也将5E教学模式应用于教学中。所以，在政府以及教育部门的支持下，各个学者以及教育专家，资深教师纷纷投入到此教学模式之下，运用实验对照的方法，经过长时间的实验对比，观察得出学生们的学习水平有着显著变化，从学生的学习水平到逻辑能力等有着明显教学效果。基于以上的研究，5E教学理念以及教学效果于我国所提出的科学核心素养理念来说很贴合。

21世纪初我国在教育领域从国外吸收了5E教学模式，教育学者们开始尝试将该模式应用到实际教学中。从新中国成立以来我们国家也经历七十多年的教育发展史，从教育落后走向复兴的路程，经历了学习与借鉴时期，探索与停滞时期，恢复与发展时期以及深化改革时期。根据2021年教育事业统计数据来看，学前教育毛入率88.1%，义务教育巩固率95.4%。2014年国内引入了5E教学模式，一时间众多学者对此研究方向感到期待，纷纷发表与该模式相关的内容成果、论文。最初，这些论文的方向都是关于生物领域，其中就有廖祝英的《5E教学模式在高中生物教学研究中的实践研究》，当然这些成果被应用，达到了一定的目的，以高中阶段的羧酸为例进行教学设计和实践阐述了5E教育模式的应用程序及教学方法和效果。

（一）研究目的与意义

随着新课标的出现，新教材也与之前的教材出现了差别，对于化学课程来说，更加体现出对于实验的要求、增加新实验以及贴近学生生活化学实际应用。可以看出新课标更加强调学生学科的素养。而传统教学在面对如今多方面、多层次的教学要求中越来越力不从心。至此，对不少教师来说都会结合新的教学模式或策略，以此取得一些教学效果。

（二）基于5E教学模式下的教学实践

本次的教学实践，计划分三个阶段来展开。第一个阶段是前期，主要任务是对教师以及学生进行访谈，了解教师对于5E教学模式的认识以及学生现有学习水平和教学现状。第二个阶段是中期，也是最重要的时期，我们将要在课堂实施5E教学模式。第三个阶段是后期，在前面两个时期的基础上，通过对学生再次进行采访，检验5E教学的效果。

1. 教学前期对教师的访谈

为了获取全面的教学状况，采访了学校初三化学教师共七名，采访结果情况如下。

（1）学生的学习依赖于教师的长期监督，个人学习能力差

问题一：根据您的教学经验，初三学生学习化学的能力如何？

教师们均表示学生初三才开始接触化学，对于这一门课心里还是会有点抵触感，并且一年后就要经历中考，压力不自觉就形成了，不仅要兼顾其他学科，还要扎实学会化学。然而化学这门学科许多的知识点也需要去记忆，例如一些化学方程式及其的反应现象、物质的性质等，他们缺少把知识现象与实验结合的记忆，只会死记硬背，效果不佳。并且一些不爱记忆的学生，还需要依靠教师的督促。这方面的状况尤为突出。

（2）5E教学模式对于教师比较陌生

问题二：您对5E教学模式了解多少？您怎么看？

考虑到一些教师不太了解此教学，在采访前做出了一点简单介绍。五名教师只听说过此教学模式，两名教师有所了解。教师们觉得5E教学模式所提出的方案与新课标提出的理念有着相似之处，都注重探究式教学。

（3）教师是否愿意在实验课当中应用5E教学模式

问题三：依据您对5E教学模式的了解，您愿意尝试实施5E教学模式吗？

教师们认为此教学模式理念是好的，不仅可以培养学生的科学思维能力，也可以提高他们对于问题解决的能力。但是教师也有几点担忧，他们认为，有些教师习惯于传统的教授模式，这将对于他们而言是一种挑战，并且学生也已经习惯于传统教学下的流程，所以探究意识薄弱，在5E课堂下会有无力感，并且不能保证他们是否可以短期接受这种模式，一些学生会很难消化讲解的知识。但是为了改进教学现状，教师们一致同意可以尝试这个新教学模式。

2. "溶液酸碱性的检验"教学案例

此阶段为实践中期，经过与各位老师的共同探讨，总结出的一套详细的5E教学模式流程。下面由一班化学A教师进行授课。

◇教学目标

知识与技能：

① 了解溶液的酸碱性，会正确使用酸碱指示剂。

② 通过指示剂的使用，了解化学测量在研究和生活中的作用。

过程与方法：

① 通过探究指示剂遇不同酸碱度溶液的颜色变化，了解显色反应也是判断物质性质的一种方法。

② 可以用所学知识解释生活中一些常见现象。

情感态度与价值观：

① 通过实验，激发学生对于实验结果的求知欲与好胜心。

② 通过讨论、交流，培养学生合作交流能力。

◇教学重难点

① 重点：溶液的酸碱性，指示剂的颜色变化。

② 难点：溶液酸碱性与指示剂颜色变化关系及规律。

◇教学准备

仪器：烧杯、试管、研钵、玻璃棒、胶头滴管、纱布、点滴板、表面皿。

药品：蒸馏水、酒精、酚酞溶液、Ph试纸、植物的花瓣或果实、土壤样品。

◇教学方法

探究、迁移、评价

◇教学过程（表7-7）

表7-7 "溶液酸碱性的检验"教学过程表

教学过程	教师活动	学生活动
引入环节	活动一：创设情境 课前让同学们猜一猜哪个动物可以迅速变化颜色呢？ 活动二：新课导入 问题一：给同学们展示两朵月季花，跟同学们说花也可以迅速变换颜色，用两种不一样的液体分别喷洒在月季花上，颜色发生了变化，让同学思考，做出假设。 问题二：给同学们播放波义耳发现碱指示剂的故事视频，让同学们思考花朵变色是否与上一节课学习过酸碱中和的原理一样？	学生思考：得出是变色龙。 思考做出假设：花朵颜色发生变化可能是因为月季花中的某种物质与喷洒的液体发生了某种化学反应。 多数同学猜测原理与酸碱中和一样

表7-7（续）

教学过程	教师活动	学生活动
探究环节	为了验证学生的猜想，我们将进行几组实验来探究。 活动一：首先让同学们利用酸碱指示剂判断出桌子上三瓶无色透明溶液哪个是氯化钠溶液、稀盐酸、氢氧化钠溶液，并贴好标签。 活动二：接下来，我们让同学们当一回"波义耳"，利用桌子上给出的用牵牛花、万寿菊、月季花花朵的汁液当作指示剂与活动一给出的三瓶试剂做实验，来验证自己的猜想	活动一：同学们认真做实验，贴好标签。 活动二：小组合作完成，记录实验现象，针对实验现象进行讨论分析
解释环节	活动一：组织学生以小组为单位进行实验汇报。 活动二：请同学们在两次实验的基础上分析花朵变色是什么原理？	活动一：实验现象：牵牛花遇稀盐酸变红色，遇氯化钠溶液变紫色，遇氢氧化钠溶液变为蓝色；万寿菊在三种溶液中不变色，都为黄色；月季花在稀盐酸中为浅红色，在氯化钠溶液中为红色，在氢氧化钠溶液中为绿色。 活动二：花朵变色的原理其实和酸碱中和原理一样。花朵的汁液是一种指示剂，可以根据外界溶液酸碱度的不同，让颜色发生变化
迁移环节	大家都知道中国不同地区会有不一样的水果花朵，其中一个原因是因为土壤的酸碱度不一样。 活动一：大家能否根据所学知识去检测校园中土壤的酸碱度？（注意：土壤样品与蒸馏水按比例1∶5混合）	活动一：实验完毕得出，校园的土壤呈弱碱性
评价环节	活动一：组织同学进行课堂反思 在本节实验课中，基本上都是以小组的形式进行，相信同学们对于自己或他人在实验中的表现一定也有一些想法。请同学们积极发言讲述。 活动二：教师对于一些进步较大的学生进行点评、奖励。对于一些表现一般的学生给予鼓励支持	活动一：进行课堂反思，对自身和他人的表现以打分制的形式进行点评

案例分析：

教师以生活中变色龙变色为切入点提出问题与学生互动，之后在同学们面前展示花朵变色的"魔术"，吸引了同学们的目光，激发了他们想要探索的欲望。接着为了验证我们的猜想，制定了一系列的方案并且实施。以小组为单位进行操作，在实验过程中教师作为课堂的促进者、参与者，仔细观察各个小组的实验动态，及时对各个成员的表现进行评价，遇到问题可以及时给予纠正与帮助。

不足之处在于探究环节，缺少让学生自己动手设计实验去验证自己的假设的过程，跟着教师的思路进行实验，科学组织与思维能力没有得到较好的训练。在迁移环节，没有让学生自己动手设计一个贴合本次实验的主题设计，这样就缺少了让同学自己应用所学知识设计实验的经验。而亮点在于衔接于上一节课的理论学习，这节课主要是用实验的方式进一步探索酸碱与指示剂的关系。通过自己动手做实验总结的规律，更可以加深此类知识的记忆。区别于传统教学中教师的演示实验与视频播放实验，学生自主探究得来的实验结论更加印象深刻，易于理解。

3. 后期对实验学生的访谈

为了得知5E教学模式在教学中的效果，在实施课程之后，本团队成员对班级学生抽调的方式进行访谈，了解他们在教学中对该模式的认可度以及自己学习能力方面的改变或提升。在班级中成绩由高到低各个阶段划分学生抽出15名，这样可以更好地代表全班的意愿，访谈结果如下。

问题一：对于此次的5E教学模式你喜欢吗？有什么建议？

在前期，学生表示模式跟之前不一样，有点跟不上教师的思路，在进行实验时，有点步骤混乱的行为，并且觉得时间过得很快，不知道自己学会了哪些知识。随着这种5E教学模式的进行，同学们越来越熟练于此模式，在课堂探究中，不再只有一两个人参与讨论、实验的情况。如今，每个人都有任务，组内分配合理，积极通过做实验而得出想要的答案，并且可以另辟蹊径，自己设计出与本次主题相关的实验。参与度比之前传统模式下要高。

学生通过参与得出自己的结论，有满满的自豪感，课堂上不再拘泥于教师一人的讲解，也可以听见来自学生之间的独特见解。访谈的学生表示，在实验课中，留给自己讨论的时间不是很多，组内两个人谈完时间就到了，讨论不是很充分，并且要求可以多一点这样的实验课，表示自己动手得来的经验与教师讲授结合可以更加深入理解与掌握知识。

问题二：在进行此模式之前，实验课会有特别的预习课本以及实验吗？之后呢？

在进行此模式之前，有5名同学表示自己不会预习，6名同学表示自己会翻看书本，但不会仔细阅读，剩下4名学生会把书本仔细翻看。

在模式进行之后，只有少数学生不会翻看阅读课本。其中有3名同学会在课本上做出标记，提醒自己上课的时候要重点听讲，有能力的同学会趁机把课后作业也一起做了，并且总结出错误点，在课堂上认真听讲。结果表明也有大部分学生会进行课前预习，少部分学生自主性还是太差，需要教师不断地提醒督促。

问题三：课上小组讨论时有没有涉及与化学实验无关的话题？怎样对待自己组内无法解决的问题？

这些学生来自班级各个小组，他们表示刚开始会有几个人不想讨论，会去拉拢个别学生进行无关化学实验的话题，这个时候组长会及时制止，回归实验本身。同时一些学生会讨论家里吃的紫甘蓝蔬菜遇见醋会变色的有趣见闻，这些话题，看似跑题了，其实本质与本节课我们探讨的实验原理一致，这个时候教师应该及时点评学生，奖励他可以应用所学来解释自己生活中常见现象，以此，培养学生们一种化学来源于生活意识，让他们从生活中热爱化学课程。

问题四：如果下个学期还会进行5E教学模式，还愿意接受吗？

大部分同学表示自己可以接受，并且还希望其他学科也可以效仿这个模式，不会像之前的课堂那样枯燥乏味，一直听教师讲授还会容易犯困走神。少数学生觉得自己会跟不上组内的进度，需要教师多给一点时间。

4. 问卷调查——学生个人学习化学能力的检测

本次问卷调查有前测和后测，在实施5E教学模式前后进行检测，前测为了了解学生学习水平的情况，后测是为了检验5E教学模式对于他们学习水平的提高与否。问卷调查将分为五个维度，包括意识与动力、方向与目标、方法与技巧、行动与实践和成效与结果。题目内容选择分别贴合五个维度，选择"完全符合"分值为五分，"基本符合"分值为四分，"一般符合"分值为三分，"基本不符合"分值为两分，"完全不符合"分值为一分。

（1）调查问卷前测分析

根据赋分的规律来计算，分数的高低代表了学生个人学习水平的高低。之后我们对前测的班级进行数据整理如表7-8。

表7-8　两个班级自主学习能力前测表

班级	人数	平均值
对照班	60	32.67
实验班	60	32.33

经过数据的分析两个班级的自主学习能力并没有显著的变化。可以应用于教学研究。

（2）调查问卷的后测分析

在实施了一段时间的5E教学模式之后与传统教学模式进行数据比较分析，见表7-9。

表7-9　两个班级5E教学模式后自主学习能力后测表

班级	人数	平均值
对照班	60	34.83
实验班	60	38.17

从数据中可以看出，经过一段时间的5E教学模式，两个班级的后测成绩总体来说都提升了，尤其是实验班提升较大。说明两个班级在5E教学模式下个人的学习能力水平都有所提高。由此，我们可以得出5E教学模式更优于传统教学模式，可以显著提高学生个人学习水平。

（3）课堂测试训练——学生的化学实验学科素养反馈

教师在第二堂课上课之前，进行一次小测试，测试内容为上一节课所做的实验有关知识点，教师自己编撰题目，难度深浅不一，包括双基巩固、能力挑战、拓展应用三个部分，用于检测学生对于上一节课知识的掌握程度以及课后预习。前两个部分学生可以通过查看资料给出答案，而后面一部分是半自主设计完整实验，要求学生对实验原理、目标、方法、步骤，以及结果要熟练掌握。之后结合题目中给出的实验背景，与相关所学知识相结合，特别考验学生的科学思维能力以及创新能力，难度系数比前两个部分要大。

我们统计出学生答分情况如下：两个班级在前两部分的答题正确率相差不大，着重看下一部分。实验班中，交了63份试卷，答题正确的有44人，占比69.8%。对照班，交了61份试卷，答题正确的有28人，占比45.9%。最后一部分满分13分，实验班平均分7.9分，比对照班高出2.6分。并且实验班同学对于一些实验现象和步骤描述得更准确、详细。由此，我们可以分析出，经过

5E教学模式训练的同学，在答题时更严谨细致，对于一些逻辑性较强的步骤分析更加透彻，在实验课上动手做过的实验上印象更深刻，语言表达能力更加突出。

（三）研究总结

本次研究，主要是选择了一个实验班，一个平行班，两者形成对照，进行5E教学模式应用研究。实践前期，我们通过对教师、学生进行访谈，了解到教学现状，思考如何运用5E教学模式应用。后期，通过访谈对学生的个人学习能力，问卷调查以及对学生随堂测试的情况分析，得出5E教学模式对教学有很大帮助。

通过实践，本团队对5E教学模式的内涵有了更加深刻的理解，它是一种灵活的模式，不仅可以应用于各个学科，也可以根据课的类型进行灵活调控，所以5E教学模式它可操作性强，在教学中让学生有着更多自己支配时间的权力。值得关注的是，它不同于传统模式，更加可以激发学生兴趣，在探究过程中不知不觉提高了自己的学习效率、逻辑思维能力、创新能力等。这个模式得到了教师和学生的一致好评，教学取得了一定的效果。

虽然5E教学模式在学校实行了一段时间，在实验班中反响很大，但是依旧有不足之处。

第一，对于刚适应新教学模式的教师，课前准备不够充分。比如：在5E教学模式下，教师不能够把握教学重难点、目标，对此做出适合教材分析。

第二，本次实践，时间较短，样本不够大，或多或少存在一些误差。

第三，在对待学生随堂测试中的反馈时，没有考虑到在课后作业中也进行分析并且，忽略了与课堂提问相结合的模式，以及让学生成为小老师，对自己的错题进行讲解。

（四）展望

针对于自身在化学实验课堂上经验的不足，本团队在对于5E教学模式研究的道路更加严峻，在此之后，不仅要多和优秀教师进行经验上的交流，也要多看看期刊论文、补充自己的学术知识，教师不仅是课堂的讲授者，也是研究者，提升自己的专业学术素养与技能素养尤为重要，这样，才可以把使5E教学模式发挥出它的最佳效果。在升学毕业的压力下，找到一条适合的教学模式势在必行，在5E教学模式下，培养一批批适合于社会所需要的人才，在这终身学习的国内形势下，为日后在学习、工作中更加得心应手打好基础。此次的5E教学模式的实践研究，希望对于其他课程也有所帮助，提供给一些可操作化、系统化的教学模式。

五、初中化学教学中化学史和理论学习的结合现状

在新课改的背景下，初中化学的课堂教学已由讲解式向以学生为主体，以探究为主体的多元化教学方式发展。在此过程中，我们将化学史与理论课有机地结合起来，并将其运用到实际中去，收到了很好的成效。在此基础上，运用文献研究法、实地考察法、问卷调查法，对当前中学化学课程实施中存在的问题进行了探讨，并具体对初中化学课程实施中存在的问题进行了详细探讨。研究结果表明，通过将化学史与理论学习相结合，可以激发学生的学习热情，帮助他们更好地理解和记住化学知识，并培养学生的科学素养和创新能力。但是，在实践过程中，教师需要注意如何更好地融合化学史与理论学习、如何提高学生的参与度和思维能力等问题。

化学在初中时期就被认为是一门至关重要的课程，它能够帮助学生增强科学知识，激发他们的想象力和创新精神。然而，传统的化学教学往往局限于知识的灌输和记忆，难以激发学生的学习兴趣和积极性。因此，在当前教育改革的背景下，如何提高初中化学教学的效果和质量，成为了教育工作者亟待解决的问题。

傅鹰先生，一位杰出的中国化学教育家，曾发表"科学带给人知识，历史带给人智慧。"这一重要论述。

化学史和理论学习是初中化学教学中常用的两种教学方法。通过研究化学史，我们可以更好地了解它的发展历程及其相关的人物，并从中获取有价值的信息。此外，我们还可以深入探究化学的基础概念、原理以及其运作机制，从而更好地掌握化学的理论。将化学史与理论学习相结合，可以使学生更好地理解和记忆化学知识，同时也能够培养学生科学思维和创新能力。

随着时代的飞速发展，化学已经成为一门不可或缺的自然科学，它对于人类社会的发展起到了至关重要的作用。初中化学教育是化学教育的重要组成部分，它不仅可以帮助学生掌握化学相关知识和技能，还可以培养他们的科学素养、创新意识、科学探究等能力。因此，如何提高初中化学教学质量，已成为当前教育研究领域中的一个热点问题。

随着时代的发展，将化学史与理论学习有机结合的教学模式正在成为初中化学课堂的一个重要组成部分。通过研究化学史，学生们不仅能够更加深刻地理解化学的历史渊源，而且还能够激发他们对化学的热情和探索欲望；此外，通过系统的理论学习，他们也能够更加全面地掌握化学原理。利用化学史与实践相结合的方式，不仅可以唤醒学生的学习热情，培养其独立思考的能力，还能够促进其全面发展，进而提升其综合素养。

本节旨在通过对初中化学教学中化学史和理论学习结合的现状进行分析，探讨该教学方法对学生学习效果的影响以及实践中存在的问题和挑战，为推动初中化学教育的改革和提高教学质量提供参考和借鉴。

具体研究问题包括：

在初中化学课堂中，化学史与理论学习的结合情况如何？

采用化学史和理论学习相结合的教学方法对学生学习效果有何影响？

实践中使用该教学方法面临的问题和挑战有哪些？

本节主要包括以下内容：

初中化学教学中化学史和理论学习的理论基础：通过文献综述，探讨化学史和理论学习对初中化学教学的意义和作用。

经过几年的研究和实践，我发现，初中化学教师在将化学史与理论学习有机结合的过程中，取得了显著的成效，但也存在一些不足之处。因此，建议加强对这种结合的指导，以提高教学质量。

初中化学教学中化学史和理论学习的实践应用：选取一些优秀的教学案例进行分析，探讨实践中如何更好地融合化学史与理论学习、如何开发教学资源等问题。

初中化学教学中化学史和理论学习的教学策略：通过分析实践中的成功经验和教学理论，提出培养学生探究精神、引导学生思考、创设多样化的学习环境等教学策略，以促进化学史和理论学习相结合教学法的有效实施。

本节采用文献综述和实地调查方法，通过对相关文献资料的收集、整理和分析，以及对多名初中化学教师和学生的访谈和问卷调查，获取数据和信息，从而全面、深入地探讨初中化学教学中化学史和理论学习的结合现状和存在的问题，并提出改进建议和教学策略。

（一）初中化学教学中化学史和理论学习的结合现状

在国外，化学史课程的主要内容是科学史，这一点在19世纪初期得到了法国实证论的创立者、社会学家孔德的高度重视。孔德认为，不管是学习理科还是文科，都应该全面了解科学的发展历程，以及它对社会和文化的影响。受孔德"科学实用主义"的影响，法兰西科学院在1892年开设了"科学史"这一学科，并聘请了世界上最早的一位"科学史"教授。

美国化学史、科学史家萨顿，将科学史的教学推向了人文主义的高度，萨顿被公认为科学史的奠基者。1912年，萨顿创立了一本全球最有权威性和影响力的科学史期刊 *Isis*，并以此为自己的根基。萨顿于1936年出版了 *Orisis* 一书，这一著作与 *Isis* 并列，使美国成为科学史研究的领军国家。进入20世纪60年代以来，美国各大高校在招生中所涉及的科学史问题上呈现出不同的特征。在此基础上，对科学史课的教学进行了有益的探索。

20世纪80年代后期，许多国家都开始认真对待科学史，将其纳入其国民教育体系，英国《全国科学课程表》、丹麦《全国学校课程表》、荷兰《"PLON课程材料"》、荷兰"2061计划"等，以及欧洲国家定期举办的相关研讨会，都为推动科学史和科学教育的发展做出了贡献，这也让全球社会都认可了科学史的重要性。

1989年，美国科学技术发展学会在《面向所有美国人的科学》一书中明确提出，要把科学史作为学生学习的先决条件；而1993年，《科学素养基准》更是对如何实施科学史教育做了详尽的解释，并提出了具体的教学要求。《美国国家科学教育标准》将"科学史"与"科学史"列为九年级到十二年级的主要内容，并作了较为详尽的说明。

美国学者 Wandersee 在1990年提出了一种"IHV教学模式"，它可以将科学史和学科有机地结合起来，并将化学史和学科相结合，使学生能够在生动的课堂气氛中更好地理解化学的本质。

总而言之，科学史教育是一门具有深远影响力的跨文化课程，它不仅具备丰富的理论知识，而且还积累了丰富的实践经验。科学史教育在国际化教育中处于重要地位，并拥有完整的理论和实践经验，可以给我国科学史的研究提供参考。

与国外相比，我国的化学史学研究起步较晚，中国化学史学家中最早的一位是清华大学的教授——张准，他从20世纪20年代初期开始，就倡导用辩证唯物主义的观点来重新演绎化学史学，并在此基础上提出了十多篇专门文章。1964年，他发表了一部重要的著作《中国化学史稿（古代之部）》，这部作品汇集了他数十年的研究成果，为学术界做出了重要的贡献。20世纪30年代，丁绪贤出版了《化学史论》和《化学史通考》，这两部著作标志着中国化学史的开端，它们深入剖析了化学史的重要性，并为化学史的研究和教育提供了宝贵的参考资料，为中国化学史的发展做出了重大贡献。袁翰青教授在北京师范大学推出了一门以中国化学发展史为基础的精品课程，他把这一领域的学术探索和实践应用放到了更加突出的位置。从总体上看，20世纪初，人们对于化学的历史意义和价值日益重视，随着改革开放的推行，化学的历史教育也取得了长足的进步，从而为人们提供了更多的知识和技能。

在中国知网中输入"化学历史教育"这一关键字，可以发现2002年以后，化学历史方面的论文数量明显增加，尤其是从2014年到现在，化学历史方面的论文数量更是达到了一个新的高峰。在《化学教学》等教育性核心期刊中，开设了"化学历史"专栏。

2005年，袁维新教授在《比较教育研究》第十期上发表了一篇重要论文《国外科学史融入科学课程的研究综述》，他深入剖析了科学史的历史价值及其对教育的重要性，并获得了淮阴师院的一致赞誉。

从这一角度来看，在世界范围内，科学史是一门重要的学科，它的重要性不言而喻。按照构建主义的思想，西方科学教育专家们强调将HPS教学模式的核心要素，如科学史、科学哲学、科学社会学等，有机结合，以此来帮助学生更深入地理解科学，激发他们的创新思维，从而提高学生的科学素养。通过教学，教师可以引入有趣的现象，让学生思考，激发他们的兴趣。接着，他们可以深入探索与此相关的历史，从历史、哲学、社会等角度来理解科学的概念，并通过实验来检验，最终，他们可以将所得的结论归纳出来，加以评价。

有关化学史新趋势的化学哲学与化学史学术讨论会第九次发布会，于2017年8月25日至27日在中国科学院大学雁栖湖校区召开，这一重要活动凸显出中国科学界对化学史的深入研究和重视，为学术界带来了新的视角。随着"化学史在教材中的编排及表现形式""化学史的教学与教学功能""化学史在培养学生的科学素质中的作用""以化学史为基础的具体教学设计"的深入研究，有关化学史的研究已成为当今学术界的热门话题。化学史的理论研究虽然十分充实，但实际应用的探索则显得极度缺乏。这门课的重心是化学的历史，我们会使用两种独特的教学方法：IHV（互动历史小品）和HP（科学史、科学哲学和科学社会学），帮助学生更好地理解化学的演变过程。

① Wandersee在1990年提出了一种新的教学模式——IHV，它将科学史与互动历史小品结合起来，以更好地帮助学生理解和掌握知识。IHV教育模式是

一种具有里程碑意义的新型化学史教育方法，由邓永财2006年在《化学教育》杂志上提出，并取得了巨大的成功。邓永财通过《拉瓦锡与燃素说》的案例，深入剖析IHV教学模式的理念、构建方法、实施步骤、重点要点和可行性建议。2012年山东师范大学的修明磊博士，在博士学位论文《IHV教学模式在〈元素周期表〉教学中的应用研究》中提出了一种新的《元素周期表》课程，通过实际操作，他的学生取得了良好的学习成绩。同时，他也通过问卷调查，分析了IHV教学模式的有效性，并提出了一些有益的建议。《中学化学IHV教学应用研究》是江西师范大学刘杨2015年的硕士论文，他通过实证研究发现IHV教学模式不仅能够有效激发学生的学习兴趣，而且还能够为学生提供一种全新的学习体验，从而提高学习效率，提升学习成果。刘江雨发表的《IHV教学模式在初中理科课程中的应用研究》，说明了教学模式应用于初中理科课堂的优势有三点：一是能有效提升学生的科学素养，二是能促进学生理解科学方式和科学探究过程，三是能长久保持学生对理科课堂学习的动力。由此可见，IHV教学模式在我国中学教学中的运用已经起步。随着技术的发展，IHV教学模式已经在中国的高中教育中得到了广泛的应用，但是，面对复杂的化学历史，如何有效地整合信息，设计出合理的教学流程，一直是一个棘手的问题，这也导致了基于IHV教学模式的理论研究越来越多，但是在实践中的研究却相对较少。

② HPS是一种将多学科知识融合在一起的教学模式，它最初由英国学者奥斯本和孟克提出，并将这些学科与科学课程和教学紧密结合，以提高学生的科学素养和创新能力。2004年，袁维新在《生物学教学》第12期上发表了《HPS教学模式与光合作用发现过程的教学案例》，标志着中国首次尝试将HPS技术融入教学，他以精彩的实践案例，深刻阐释了光合作用的机制，为学生们的学习和实践提供了有力的指导。

2006年，张克龙提出了一种新的教学模式——HPS，他详细阐述了该模式的操作要点，并建议教师采取多种方式帮助学生重现化学家的思维过程，深入理解化学的思维方法和技巧，从中获得更多的知识和经验。经过吴松原博士的深入探索，他在辽宁师范大学的硕士论文中，发现《高中化学课程标准（2017版）》的价值观和观点，能够有效地将其纳入学生的学习内容，从而有助于提升学生的学习能力，促进学生的学习成果。因此，他建议将HPS教育纳入化学教学，以提高学生的学习效率，并为我国化学教育的发展提供强有力的支持，以满足当前课程与教学改革的需求。澳大利亚墨尔本大学的HPS教学和研究已经被认为是澳洲科学史和科学哲学界的一座里程碑，它的重大影响力已经被全球学者所认可，英美学者也纷纷开始将HPS和STS的理论融入他们的学术研究中，而中国也应该积极参与这一进程，以推动澳洲的科学发展。研究人员霍爱新等人通过将HPS与STS相结合的方式来深入研究化学电源，他们认为，通过将学科知识与化学电源的发展历史相联系，可以更好地理解它们对社会生活的影响，并且能够体验到科学家们持续探索的热情，从而更好地预测未来的化学电源的发展趋势。

20世纪80年代以来，HPS的理念被广泛接受，并被用于教学，从而使得它的理念得到了更好的发展和运用。迈克尔马修斯博士是澳大利亚科学哲学界的权威人士，他提倡将HPS技术融入科学的学习和实践，他发表的一部著作和多篇论文，深入探讨了科学哲学和科学史的联系，强调了科学教学者在理解科学史方面的重要性，他认为，拥有良好的科学史修养的教师可以更好地运用科学哲学和科学史的知识来辅助科学实践。

随着IHV教学模式在我国高中教育中的不断普及，它在化学史料的整合、教学过程的设计等方面发挥了重要作用，但是由于理论研究的不足，教学实践方面的研究仍然相对较少。

在中国知网，输入"化学史"这个话题，共得到869个结果，再输入"初中"这个关键字，仅得到69个关于将化学史引入中学化学教学的文章，根据《化学教与学》（2018）第十期的调查结果显示，大多数中学化学教师都认可化学史的重要性，然而，也有相当一部分教师没有充分利用这一重要知识点，以原子的结构为例，来讲解化学知识。根据研究结果，中学化学教师在化学历史方面的知识储备不足，尤其是在理论上，而且这种知识储备与教师的学历并无直接联系。

虽然一些教师尝试以简单的方式传授化学史，但他们未能充分利用教材内容和学生已经掌握的知识，也未能将化学史中的思维模式与学生的实际情况紧密结合，从而导致化学史教育未能取得预期的成效。

2016年刘妍博士指出，教师本身缺乏化学史知识，导致课堂教学单一，无法充分体现化学史教学的价值。为了改善这一状况，她强烈建议教师加强化学史素养，深入理解化学史教学的作用，开发校本课程，让学生在学习过程中更加全面地掌握化学史，激发学习热情，提高学习成绩，培养学生学习兴趣，实现融合化学史教学的最终目标。通过改善教师的教学方法，激发学生的学习热情，培养他们的学习技巧，帮助他们取得更好的学业成绩，实现他们的全面发展。通过将化学史的知识与课程内容结合起来，可以更好地提高教学质量。

国内外已有许多研究探讨了化学史和理论学习相结合的教学方法在初中化学教学中的应用和效果。

无论是中国的还是外国的教科书，都致力于激发学生的创造性思维，让他们具备独立思考、深入探究、实践应用的能力。以原子这章为例，我们将探讨原子不具有电性的原因，以及它们如何影响物质的结构和性质？那么，云计算与现在的原子计算有何不同？为什么科学家们要重新审视玻尔模型？通过这种方式，学生们不仅能够更加灵活地思考问题，而且还能增强他们的问题意识，从而更好地解决问题。

但是，两者的区别在于，人教版《化学》注重学生思维的发展，而美国版《化学—门实验科学》则注重学生问题的发展，并提出了自己的看法。从比较分析中可以看出，就教科书而言，美国版与人教版的"原子"版本，其科学精神的表现也各有千秋。

就理性认识而言，两本教科书都注重对学生进行全方位、系统化的教育，区别在于美国版本的教科书注重把问题的情境和化学知识联系起来，使之看起来更生动、更生动；人教版的主要内容是以丰富的学科知识为主，侧重于对学生进行归纳、总结的训练，但对科学方法类别的培养则略显单一。

在批评和怀疑上，两个版本的教科书都是通过提问来引发学生的思考，并且注重对他们的独立思考、判断和发现问题的能力的培养，而美国版的教科书则更注重对他们的问题意识和质疑精神的培养。从敢于探索这一点上来说，两者都注重培养学生不怕困难的精神，区别在于：美国版本的教材注重的是创造力，而人教版版本的教材则欠缺了一些。

国外研究结果表明，采用化学史和理论学习相结合的教学方法可以提高学生对化学知识的兴趣和理解程度，促进学生的科学素养和创新意识的培养。一项美国的研究结果表明，将化学史纳入课堂教学可以激发学生对化学的热情，帮助他们更深刻地理解化学知识，同时也有助于他们更好地掌握化学实验的方法和技巧。

国内研究结果也表明，化学史和理论学习相结合的教学方法在初中化学教学中具有一定的应用前景和优势。一项美国的研究结果表明，将化学史纳入课堂教学可以激发学生对化学的热情，帮助他们更深刻地理解化学知识，同时也有助于他们更好地掌握化学实验的方法和技巧。

（二）化学史与初中化学结合研究的现状

1. 学生的调查问卷情况

（1）调查目的

教学的目的是更好地解决教学实际问题，因此对已经进行了化学两轮总复习的初中生进行调查研究能更好地呈现存在的问题，通过分析存在的问题，从而有针对性地对基于化学史教学的初三化学课堂教学进行调整，为基于化学史的课堂教学设计原则和策略提供参考依据。

（2）调查对象与方法

本研究的调查时间是2023年5月，调查对象是沈阳市第九十五中学初三年级4个平行班（6班、7班、8班、9班）的学生及沈阳市铁西区初中化学教师。学生的调查方法采用的是问卷调查法，本次调查共发放问卷109份，收回109份，回收率为100%（问卷见附录十六）；对教师的调查方法采用问卷调查法和实地调查法，共发放问卷30份，回收30份，回收率100%（问卷见附录十七）。

（3）调查实施

本次调查问卷主要是为了了解学生经过一年的化学学习后对化学史知识的掌握程度及课堂教学中融入化学史教学的现状。问卷中问题的设计主要从学生对化学学习的兴趣、对化学史的兴趣、对化学史知识的掌握、对课堂融入化学史的见解及学习化学史对人文素养和科学素养的培养情况方面进行设置。

①学生对化学的兴趣。

对于这个方面设计了两个问题分别是：你喜欢上化学课吗？你认为化学学习是否非常有趣？（表7-10）

表7-10 学生调查问卷对化学兴趣问题

1.你喜欢上化学课吗？	A.很喜欢	B.较喜欢	C.一般	D.不喜欢	E.不是很清楚	F.不知道
百分比	53.2%	23.0%	15.6%	7.3%	0	0.9%
11.你认为化学学习是否非常有趣？	A.非常赞同	B.赞同	C.不太赞同	D.不赞同		
百分比	37.0%	45.4%	10.2%	7.4%		

由此可见相当一大部分同学对化学感兴趣，这对于化学史的推进也是具有积极意义，老话讲兴趣是最好的老师，在教学过程中教师能够抓住学生感兴趣

的点进行教学，就能使课堂更加生动，提高学习效率。

②对化学史的兴趣。

对于这个方面设计了一个问题：你是否对本课程中的化学史内容感兴趣？（表7-11）

表7-11　学生调查问卷对化学史兴趣问题

2.你是否对本课程中的化学史内容感兴趣？	A.非常感兴趣	B.比较感兴趣	C.感兴趣	D.不感兴趣	E.不是很清楚	F.不知道
百分比	34.3%	22.2%	26.9%	12.0%	4.6%	0.9%

由此可见大部分同学对化学史兴趣程度较高，因此在化学教学中应用化学史也是很有必要。

③化学史知识的掌握。

对于这个方面设计了四个问题：中国古代炼丹家炼丹的方法主要是？你认为燃烧的"氧化学说"是由谁创立的？你对拉瓦锡测定空气中氧气含量时所用实验方法是否清楚？你认为元素周期律是由谁发现的？（表7-12）

表7-12　学生调查问卷对化学史知识掌握

问题	A	B	C	D	E	F
3.你知道古代炼丹的方法主要是？	38.5%	1.8%	2.8%	2.8%	34.9%	19.3%
4.你知道燃烧的氧化学说吗？	11.9%	1.8%	0	22.9%	32.1%	31.2%
5.你知道拉瓦锡测氧气含量的实验吗？	16.5%	42.2%	18.3%	4.6%	18.3%	0
6.你对元素周期律的了解程度？	75.2%	0	1.8%	10.1%	8.3%	4.6%

为了得到更准确的统计结果，我在调查报告中增加了E和F选项，告诉同学们如果不能确定选择哪项就选择"E.不是很清楚"，如果完全不知道选什么就选择"F.不知道"，这会尽量避免学生蒙题的情况发生，从而得到更具有代表性的结论。

第三题的正确答案是D选项，正确率仅有2.8%，可见学生的掌握情况不尽如人意，极少有同学知道正确答案。第四题的正确答案是A，正确率只有

11.9%，同样可以知道学生的掌握情况较差。对于第五题，有接近一半的同学基本清楚，也有接近五分之一的同学完全不清楚，可见同学们的掌握情况还是相对良好。对于第六题，正确答案是D，而同学们所错选的大部分是A，可见同学们只知道门捷列夫对元素周期律的贡献，并不知道其他化学家。可见同学对化学史的掌握情况很差。

④对课堂融入化学史的见解。

对于这个方面设计了三个问题：你认为化学史知识可以增加你对化学的学习兴趣吗？你认为化学史的引入对相关知识的理解是否有帮助？你认为化学教学中利用化学史教学对于化学成绩的影响怎样？（表7-13）

表7-13 学生调查问卷对课堂融入化学史的见解

问题	A	B	C	D	E	F
7. 学习化学后课堂习是否增加学习兴趣	33.9%	27.5%	28.4%	10.1%		
8. 学习化学后对相关知识理解程度？	28.4%	33.0%	28.4%	10.1%		
9. 通过学习化学史知识对成绩影响如何？	36.7%	45.0%	10.1%	7.3%	0.9%	0

由此可见同学们认为化学史的学习在增加学习兴趣，对相关知识理解，对成绩影响方面都起着促进作用，学生们对化学史的学习还是相当认可的。

⑤学习化学史对人文素养和科学素养的培养情况。

对于这个方面设计了一个问题：你认为通过化学史的学习有哪方面的收获（可多选）？（表7-14）

表7-14 学生调查问卷对学习化学史对人文素养和科学素养的培养情况

选项	A	B	C	D	AB	AC	AD
百分比	8.3%	3.7%	8.3%	4.6%	6.4%	5.5%	2.6%
选项	BC	CD	ABC	ABD	ACD	BCD	ABCD
百分比	9.2%	3.7%	13.8%	0.9%	1.8%	1.8%	29.4%

由此可见67.9%的同学选择中有A，即通过学习，我学会了勇于探索、坚持不懈、严谨求实的科学精神；65.2%的同学选择中有B，即通过学习科学探

索的方法，我们能更好地理解学科知识的核心内涵；73.5%的同学选择中有选择C，即通过深入研究科学的发展历程，我们可以更加全面地理解知识，并培养辩证思维能力；44%的同学选择中有D，即培养社会责任意识、创新意识。

因此同学们也很认可学习化学史对自身人文素养和科学素养都有所帮助。

总的来说，许多学生对教材中的化学史部分非常感兴趣，他们认为引入这些知识有助于更好地理解相关内容。许多学生倾向于完整地阅读化学史，因为他们相信这能够培养出一种勇于探索、坚定不移、追求真理的科学精神。采用科学探索的方式，学生们不仅可以深入洞察学科的核心概念，而且还可以更加清晰、完整地把握科技的进步脉络。采用辩证思维方式，激发公民的社会责任感与创新精神。

2. 教师的调查问卷及实地调查结果

本研究通过问卷和访谈等方式，对30位初中化学教师进行了实地调查，了解他们在教学中采用化学史和理论学习相结合的程度和方式（见附录十七）。

总体上看，问卷的第一道题是调查教师对化学史的认知，第二和第三题是调查化学教师授课情况，第四到第九题是调查教师对化学史融入初中课堂的看法及观点。

（1）对化学史的认知（表7-15）

表7-15 教师调查问卷对化学史的认知

您对化学史的认识程度如何？	A	B	C	D
百分比	0	43.3%	20.0%	36.7%

（2）有关化学史的授课情况（表7-16）

表7-16 教师调查问卷对化学史的授课情况

题号	A	B	C	D	E
2	43.3%	33.3%	6.7%	10.0%	6.7%
题号	A	B	C	D	
3	39.7%	8.3%	5.3%	46.7%	

（3）对化学史融入初中课堂的看法及观点（表7-17）

表7-17　教师调查问卷对化学史融入初中课堂的看法及观点

题号	A	B	C	D
4	36.7%	26.6%	36.7%	0
6	53.3%	10.0%	0	36.7%
题号	A	B	C	D
5	36.3%	36.7%	13.4%	13.6%
7	37.3%	34.3%	16.2%	12.2%
9	16.7%	38.3%	20.0%	25.0%

调查结果显示，大部分教师认为化学史和理论学习相结合的教学方法在初中化学教学中具有一定的应用价值和优势。但是，也有一些教师认为该教学方法存在一些问题和挑战，如教材内容不齐全、教学资源不足、学生思维难度较大等。

此外，调查还发现，教师在实际教学中采用化学史和理论学习相结合的方式比较单一，主要采用介绍历史事件和人物的方式来引出相关的化学知识点，并没有很好地将化学史与理论学习相结合起来，缺乏多样化的教学策略和方法。

由此可见，如果教师以小故事的方式对化学史进行加工并给学生讲述，学生的掌握情况更加良好。

3.初中化学教学中化学史和理论学习的教学策略

本节主要介绍了一些初中化学教学中化学史和理论学习相结合的教学策略和方法，以帮助教师更好地实施这种教学方法。

创设多样化的学习环境：教师可以通过多种方式创设多样化的学习环境，如组织实验、参观博物馆、看化学电影等，提高学生对化学知识的兴趣和理解程度。

采用小组合作学习：在教学过程中，教师可以采用小组合作学习的方式，让学生相互交流、协作探究，提高学生的学习效果。

通过将化学史教育融入中学化学课堂，可以帮助学生更深入地理解化学知识，培养他们的科学精神，掌握科学方法，激发他们对化学的兴趣，激发他们学习的积极性。通过爱国主义教育，可以激发民族自豪感，增强民族自尊心，并且结合化学史，培养学生的人文素养，以建立正确的人生观、世界观和道德观，从而提升学生的综合素质。总之，化学史教育在中学化学课堂中发挥着重要的作用，它不仅能够传授知识，还能培养学生的创造力、道德观念和美育素养。

4. 初中化学教学中化学史和理论学习的教学注意事项

为更好地培养学生的科学精神，教师在教学当中应该注意以下几点。

① 重写"真实过程"的化学史。在课堂上，我们应该努力营造一种有利的氛围，使学生们能够更好地理解"现实情景"。通过将化学史与各种理论模型的发展历程紧密结合，让学生深入了解科学发现的历史背景，体会到科学家们的智慧和勇气，从而更好地掌握科学知识。

② 为学生提供多种形式的活动。教师可以在课后和课题的任务中，增加一些在课本中不存在的任务。在多种多样的任务中，通过提问的方式，来激发学生的学习兴趣，引发他们的讨论，在学生解决问题的过程中，可以对他们的科学精神进行培养。

③ 自觉地渗透科学方法的培育。自觉地把科学方法融入教学中去，提倡把科学方法的培育贯穿于课文和实验与实践之中。通过在课堂上提出问题、进行假设质疑和进行实验探究，我们可以帮助学生更好地理解科学方法。

5. 总结与分析

根据国内外的研究成果和实地考察的结果，我们可以得出如下结论。

① 结合化学史和理论学习的教学方法在初中化学课堂上发挥着重要作用，它不仅能够激发学生对化学的兴趣，培养他们的探究精神，还能够提升他们的科学素养，激发他们的创新思维。

② 在实践中，教师在采用化学史和理论学习相结合的教学方法时存在一些问题和挑战，如教材内容不齐全、教学资源不足、学生思维难度较大等。

③ 教师在实际教学中采用化学史和理论学习相结合的方式比较单一，需要进一步探索和研究多样化的教学策略和方法。

（三）初中化学教学中化学史和理论学习的实践应用

1. 实践案例分析

本节选取了六个初中化学教学中化学史和理论学习相结合的实践案例进行分析，以探讨如何更好地融合化学史与理论学习、如何开发教学资源等问题。

案例一："中国古代冶金技术"

该案例中，教师利用《中国古代冶金技术》这本书的内容，让学生了解古代冶金技术的历史和演变过程，并将其中涉及的化学知识点与现代化学知识进行对比和分析。在教学过程中，教师采用了多种教学方法，如小组讨论、实验演示等，既激发了学生的兴趣，又提高了学生对化学知识的理解程度。

案例二："元素周期表的发现和应用"

在这个案例中，教师通过介绍元素周期表的起源，帮助学生更好地理解它的基本结构和特征。同时，教师还会深入讨论元素周期表所包含的化学概念和原理。为了更好地帮助学生理解这些内容，教师使用了多种不同的教学方式，比如课堂演示、小组合作等。

案例三："水的组成"

亚里士多德提出，五种元素水、火、土、气在宇宙中交织在一起，构成了完整的宇宙。

古代中国人提出的五行理论认为，世界上的一切都是由金、木、水、火、土五种基本元素的运动而形成的，因此，"水是构成万物的元素之一吗？"和"水是构成世间万物的基本元素吗？"这两个问题，可以作为学生理解五行的起点，从而激发他们对水的探索欲望。

1781年，普里斯特利将"易燃空气"（氢气）和空气混合装入干冷的玻璃瓶中后，用电火花引爆，发现瓶壁有水珠；卡文迪许又用纯氧代替空气重复了这一实验，仍发现瓶壁有水珠生成；1782年，拉瓦锡将一根红色的枪管内注满水蒸气，同时他还发现了一种可能具有火焰的物质，他又以纯氧取代空气进行了类似的实验，但他依旧发现了瓶壁上的水滴。经过深入研究，他发现：水并非单一的元素，它是一种复杂的化学反应，由氢和氧构成。18世纪的科学家们以其精湛的技艺，将他们的研究结果应用到"水是由氢元素和氧元素组成的"中，以此为基础，让学生更好地理解水的本质，并且通过实验，如水的电解和氢气的燃烧，让他们更加深入地探究水的组成，从而更好地掌握"水是由氢元素和氧元素组成的"中的化学知识。

案例四："原子的结构"

希腊哲学家德漠克利特于公元5世纪提出了原子理论，英国化学家道尔顿于1803年对一些著名的化学规律进行了阐述，前者的原子理论是一种哲学观念，而后者则是一种假设。直到英国的汤姆生，以及新西兰的卢瑟福，才证实了原子是物质的一种。波尔、薛定谔等人提出了"原子"的理论，但这并不妨碍他们将这些理论运用到中学化学，让他们能够更好地理解"原子"的本质。

1919年，卢瑟福首次发现了质子，随后，查德维又在1932年发现了中子，苏联科学家伊凡宁柯把这些极具特殊性的物质归类为原子，他把它们定义为一种最基本的化学反应，由一个具有正电荷的原子核和一个具有负电荷的电子构成。据初中化学课本记载，原子核是由质子和中子两种微小的粒子组成的，它们共同构成了物质的基本结构。

从上述内容可以看出，课本中对原子及其结构的定义已经生动地描绘出来，这使得我们能够更容易地理解原子的概念，并且有效地解决了原子结构教学中的难题。

通过"核外电子排布的初步知识"讲解，学生们不仅可以更好地理解德漠克利特提出的原子的概念，还可以深入探究两千多年来事物发展变化的一般规律，从而更好地建立起正确的世界观、科学的方法论，并在不知不觉中受益匪浅。

案例五："酸碱指示剂"

在"酸碱指示剂"课堂上，我们可以讲述一个令人难忘的故事：波义耳从一位朋友家带回一盆紫罗兰，因为一次意外，它被喷洒了盐酸，从而改变了它的颜色，他成为第一个利用植物提取液制造酸碱指示剂的化学家。他的观察力出众，对化学知识的掌握深入浅出，这使得他能够准确地区分酸碱，从而发挥出其独特的优势。在日常生活中，科学研究的进行往往以一件事物为起点，不断拓展至其他领域。为了让学生更好地理解化学，我们可以利用历史参与的方式，让他们深入了解化学的发展，让他们更加熟悉它，更加热爱它。

采用这种方式，不但可以唤起学生对化学的热情，帮助他们进一步探究其中的神奇，同时也可以有效地传播自然科学的原理，训练学生的观察、分析、推理的技巧，并培养出一颗追求真理的心。

案例六："质量守恒定律"

十六世纪，英国化学家波义耳做了一个有名的实验，他将金属放在密闭容器里煅烧，煅烧后立即打开容器盖进行称量，结果发现反应后固体质量增加了。

十七世纪初，俄国的化学学者罗蒙诺索夫对此产生了浓厚的兴趣，于是将波义耳的这种方法重新复制了一遍，只不过他没有开启密封盖，而是将反应温度降下来，然后称了下重量，结果并未显示出反应前和之后的重量有所增长。

法国的拉瓦锡在十七世纪末又做了同样的试验，并用更为准确的仪器来测试，他准确地确定了汞的形成和降解，并得出在形成和降解之前汞的含量没有变化的结论。

教师向学生提出问题，让学生来对科学家的实验过程和实验结果进行分析。明明每一次的试验都是一样的，但为何最后的结果会截然不同？这件事引起了学术界的热议。在此之后，拉瓦锡与俄国的化学家罗蒙诺索夫通过一系列的试验，终于得到了在反应过程中物质守恒与反应过程中所发生的变化的结论。

教师发问，关于这个历史事实，你们有什么想法吗？你们认为我们应该向这些科学家们学些什么？

本环节设计意图如下。

① 通过提出问题、预习、评估，我们能够将新课程标准中提倡的教学与评估结合起来。通过提出有趣的问题，教师能够激发学生的好奇心，并且能够让他们更深入地了解化学的历史，这样就能够更好地掌握和运用化学知识。

② 在介绍一些科学家发现了质量守恒法则的历史事实的同时，也让同学们明白了质量守恒法则的起源与发展，明白了每一条法则都是由无数的科学家在不断的推论与努力中得出的，从而让同学们感受到了科学家的认真与务实精神。将"科学的态度和社会的责任感""证据的推理和模式的认识"等课程融入化学学科的核心素质中去。

在"质量守恒定律"的指引下，我们经历了一段充满挑战的旅程，以便更好地探索"质量守恒定律"的真谛。为此，我们将通过实验，深入探究"质量守恒定律"背后的原理，以及它如何影响着人类的生活。通过构建一个封闭的系统，我们可以更好地研究物质守恒定律。

本环节设计意图如下：

经过几位科学家的研究，我们可以清楚地看出，拉瓦锡的实验是一个重要的里程碑，他在密闭的环境中成功地证明了质量守恒定律，从而使得我们更加深入地了解了实验的重要性，也为接下来的实验讲解和习题练习打下了坚实的基础。

科学精神的核心是批评和怀疑。批判性疑问是一个人思考问题的能力，也是一个人对既有知识和规范的一种态度。一个结论的正确性，只有用事实来证明，哪怕是最有说服力的结论，也是可以被质疑的。

2. 人教版九年级化学教材上下册主题内容及化学史料

表7-18归纳了人教版九年级《化学》上下册有关化学史的知识。

表7-18　人教版九年级化学教材上下册主题内容及化学史料

主题	内容	化学史出现位置与内容
第一单元　走进化学世界	课题1　物质的变化和性质 课题2　化学是一门以实验为基础的科学 课题3　走进化学实验室	课题2　炼金术，炼丹术和早期的实验室
第二单元　我们周围的空气	课题1　空气 课题2　氧气 课题3　制取氧气 实验活动1　氧气的实验室制取与性质	课题1　拉瓦锡实验（氮气的发现，空气的成分）
第三单元　物质构成的奥秘	课题1　分子和原子 课题2　原子的结构 课题3　元素 课题4　离子	课题2　张青莲与相对原子质量的测定——原子质量的测定 课题3　资料卡片；原子的猜想与证实，道尔顿，德谟克利特，里希特，波义耳，普鲁斯特，拉瓦锡
第四单元　自然界的水	课题1　爱护水资源 课题2　水的净化 课题3　水的组成 课题4　化学式和化合价	课题3　由水引发对元素的认识，资料卡片：水的组成揭秘
第五单元　化学方程式	课题1　质量守恒定律 课题2　如何正确书写化学方程式 课题3　利用化学方程式的简单计算	课题1　1774年拉瓦锡用精确的定量实验研究氧化汞的分解与合成反应中各物质质量之间的变化关系。资料卡片：定量研究与质量守恒定律的发现与发展
第六单元　碳和碳的氧化物	课题1　金刚石，石墨和C_{60} 课题2　二氧化碳制取的研究 课题3　二氧化碳和一氧化碳 实验活动2　二氧化碳的实验室制取与性质	课题1　资料卡片：碳单质的研究进展；化学、技术、社会：人造金刚石和薄膜；古代画家用墨书写或绘画 课题3　温室效应
第七单元　燃料及其利用	课题1　燃烧和灭火 课题2　燃料的合理利用与开发 活动3　燃烧的条件	课题1　正文和图片：燃烧与人类生活及社会发展 课题2　我国古代烧制陶器

表7-18（续）

主题	内容	化学史出现位置与内容
第八单元　金属和金属材料	课题1　金属材料 课题2　金属的化学性质 课题3　金属资源的利用和保护 实验活动4　金属的物理性质和某些化学性质	课题1　东汉晚年的青铜奔马（马踏飞燕），河北沧州铁狮子 课题3　铁的冶炼
第九单元　溶液	课题1　溶液的形成 课题2　溶解度 课题3　溶液的浓度 实验活动5　一定溶质质量分数的氯化钠溶液的配制	
第十单元　酸和碱	课题1　常见的酸和碱 课题2　酸碱的中和反应 实验活动6　酸、碱的化学性质 实验活动7　溶液酸碱性的检验	课题1　资料卡片："酸""碱"的由来，酸碱指示剂的发现
第十一单元　盐化肥	课题1　生活中常见的盐 课题2　化学肥料 实验活动8　粗盐中难溶性杂质的去除	课题1　资料卡片：我国制碱工业的先驱——侯德榜 课题2　18世纪化学肥料的使用、1949年到1985年我国化肥施用量 课题2　调查与研究
第十二单元　化学与生活	课题1　人类重要的营养物质 课题2　化学元素与人类健康 课题3　有机合成材料	课题3　有机合成材料；化学，技术，社会；复合材料

在新课标教材中，化学史的表现形式更为多样，内容更为丰富。书中还配有彩色陶器、古代绘画、雕塑、透明金刚石膜等图片。这些画非常生动，颜色鲜艳，数据丰富，历史事件突出，图片与文字相结合。接下来，我们可以用恰当的文字来阐明化学史的内涵，让这些内容与主题相结合，让图像呈现出生动的色彩，让人感受到真实、形象，这样就可以让化学史的知识更加容易被大家所接受。通过将内容与日常生活联系起来，我们能够提高初中生的阅读兴趣，拓展他们的想象力，培养他们的创造力，从而帮助他们更好地学习、理解并掌握知识。这样一来，我们就能克服过去某些教材中过度烦琐的文字和故事的问题。

通过将历史与现实相结合，新的教科书为学生们带来了丰富的学习资源，包括他们熟悉的生活场景、实践经验以及其他相关知识，这不仅能够更好地引导学生们探索化学的奥秘，而且还能让他们更加深刻地理解化学在我们的日常生活中的重要作用。

3. 教学资源开发

利用互联网资源。利用互联网上的各种资源，如化学博物馆、化学史资料库等，为教学提供更加丰富的内容和素材。

利用学术期刊。利用学术期刊上发表的文章，了解最新的化学史和理论，学习研究成果，并将其应用于实际教学中。

利用教育出版物。利用教育出版物中的化学史和理论学习相关内容，为教学提供更加系统、全面的知识体系。

（四）结论与展望

本节通过对初中化学教学中化学史和理论学习相结合的教学方法进行分析和探讨，提出了一些关于这种教学方法的建议和策略。同时，本研究也存在一些不足和局限，需要进一步完善和深入研究。

1. 结论

化学史和理论学习相结合的教学方法在初中化学教学中具有一定的应用价值和优势，能够提高学生对化学知识的兴趣和探究精神，促进学生的科学素养和创新意识的培养。

在实践中，教师在采用化学史和理论学习相结合的教学方法时存在一些问题和挑战，如教材内容不齐全、教学资源不足、学生思维难度较大等。

教师在实际教学中采用化学史和理论学习相结合的方式比较单一，需要进一步探索和研究多样化的教学策略和方法。

2. 展望

本研究还存在一些局限性，需要进一步完善和深入研究。未来可以从以下几个方向进行拓展和深化。

拓宽教学资源渠道：加强与博物馆、实验室等机构的合作，开发更多的教学资源和素材，丰富化学史和理论学习相结合的教学内容。

探索多样化的教学策略：进一步研究和探索多样化的教学策略和方法，如案例教学、问题驱动教学等，提高初中化学教学的实效性和创新性。

加强评价体系建设：建立完善的评价体系，全面评价化学史和理论学习相结合的教学效果，为教师提供更加科学的教学指导和反馈。

深化教育技术应用：结合教育技术手段，如虚拟实验、多媒体教学等，加强初中化学教学中化学史和理论学习相结合的教学效果，提高学生的学习兴趣和参与度。

拓展研究领域：未来可以将研究领域扩展到其他学科领域，探讨其在不同学科教学中的应用价值和优势，为促进跨学科教学提供支持和借鉴。

总之，化学史和理论学习相结合的教学方法在初中化学教学中具有一定的应用前景和优势，但需要进一步完善和深入研究，才能更好地发挥其教学效果和价值。

六、"物理化学"课程中"润湿作用"引入"对分课堂"的实践研究

"对分课堂"教学模式是针对当前我国高等院校课堂教学的难点问题而提出的一个崭新的教学模式，已被成功应用于许多文科专业课程的课堂教学。在《物理化学》等专业教科书中，"对分课堂"教学很有机会是一个更适应物理化学的全新的教学方式，并有待于继续加以探索与推广。本节旨在总结出"对分课堂"教学方法，对"润湿作用"一节进行的课程设计探讨，并在实践的基础上总结出这种方法在教学中的价值与作用。

"对分课堂"教学模式是复旦心理系学科带头人张学新教授结合常规课堂教学与讨论式教学各方面的优点，经过取舍折中后创立的大学课堂授课模式，其中心思想是把教学具体分为讲授（presentation）、吸收（assimilation）和讨论（discussion）三个层次（简称PAD课堂）。该教学方法简单且适用性强，既能有效地调动学生自主性学习能力，也能明显地缓解教师的教学压力。从2014年秋开始，对分教学的方法开始逐渐被各个院校引入，至今已经逐渐深入到课程教学当中。"对分课堂"结合了讲授式授课和研讨型授课的特性，遵循从个人学习中获得认知的心理规律。"对分课堂"的关键在于分配一半课堂学习时段给教师授课，另一半时段则由学生自行探索、总结，并将授课和研讨的时段错开。采用"对分课堂"的教学方式，能够增强学生对学习的积极主动性，从而促使学生学习知识、提高思维能力、增强综合素质等。相比于传统教师讲解式的教学方式，在"对分课堂"上，学生学习的积极性提高；教师压力降低，实现了教师角色的转换；师生之间，学生之间互动交流增加；学生学习积极性得以进一步提高；授课方式得以完善。但是，许多的"对分课堂"教学

方式实际上都仅限于高校文科课堂教学中，那么这种教学新模式是否适用于高校理工科教材教学呢？本节就大学化学专业必修课"物理化学"课程中的"润湿作用"的授课片段运用于"对分课堂"教学方法的教学研究，并就其实际效果加以总结。

（一）"润湿作用"之"对分课堂"教学设计

教案设计要求：§10.4（固-液界面），时长一课时（45分钟）。本节教学内容的基本要求是：了解润湿、接触角的基本概念，掌握接触角数值——液体对固体的润湿程度、液固亲疏性与界面张力之间的关系。

教学过程设计如下：

1. 课前准备

① 提前确定小组人员分配，定下负责人；

② 准备好上课的PPT课件，并进行充分的学习准备。

2. 课堂开展

① 回顾课件或其他多媒体教学过程对基础知识的总结：【教师讲解】上节课我们学习了接触角的基本概念以及杨氏方程等主要的知识点。（2分钟）

② 导入新课：【教师介绍】接下来，我们先观看一段视频！【影片介绍】教师给学生播放生活中有关"润湿"的一个视频。（3分钟）【教师过渡】当观看视频时，大家或许还会产生某些想法。但现在，就请同学们根据下面的话题展开探讨和交流。【学生交流】学生的探讨过程。（10分钟）【投影问题】润湿作用在生活中的应用有哪些？

③ 教师针对学生的交流成果做出汇总：【教师过渡】同学们可在讨论上面所提问题的同时，再交流各自在课后整理的数据，并相应地做出他们认为最好的结论，在讨论结束后推举一个代表出来发言，该名代表最后的成绩就是他们小组的最终成绩。【小组间分享，教师反馈问题】教师可以要求各个小组的代表直接将其小组提交的问题进行展示，并简要汇总自己小组的结论，并做出相应的评价（此环节中教师可做出适当的考核和点评）。另外，其余各小组也可以互相补充问题和纠正回答错的同学，并做出评价，还可以设置加分奖励的制度。（10分钟）【学生自由提问】学生可以自由提出需要探讨的问题和观点，或还未掌握的知识点等。【教师答疑】由教师根据学生提出的问题做出合理答疑。（5分钟）【教师进行点评和总结】最后，教师有针对地做出相应的评价和总结。教师针对学生上课的实际情况做出分析总结。（2分钟）

3. 作业检测

PPT展示课后练习第537页第1、3题。【学生板书】由教师随机挑选4名同学上讲台书写板书，其他同学则在下面完成。（5分钟）【教师点评作业情况】教师讲解问题（5分钟）。

4. 教师总结并评价

润湿现象在现代生产生活中的应用十分普遍，主要工艺原理有荷叶效应，而且与传统农业技术之间也存在着紧密的联系。本章着重阐述了界面现象研究的一些基本原理和共同规律，如果大家有深入地学习界面化学有关基础知识的能力，则需要课下展开更深入的讨论。布置作业。（3分钟）

（二）"润湿作用"之"对分课堂"教学效果反思和总结

采用了"复习再现""新课程引入""研讨与交流""作业检测""考核评价"等方法，知识点框架清晰可见，教学方法更加系统化，推动了课堂教学的高效进行。在课堂设计过程中以视频方式导入，可充分激发学生的学习兴趣；以提问的形式展开探讨和互动，具有目标与方向性，有利于防止学生因盲目的探究而困惑不解，对润湿作用的基本知识点也具有较好的认知。学生间以小组形式的合作交流方式开展，学生学习情况也可以互相监督，这样一来就可以更有效地充分调动学生对学习的积极性主动性。在课堂上进行简单的习题测试，以帮助学生检验对相关定律的掌握情况，从而熟悉简答题式的解答方式。上课时，教师尽可能地在感兴趣的事情中引导学生学习，使每名学生对此能够产生浓厚的兴趣，以便于充分调动每名学生的求知欲和学习积极性，这方面还有待进一步提高。

根据"物理化学"课程教学大纲，开展"对分课堂"教学模式将会对学生提出更高的要求，首先，要进一步扩大知识面，打好学科基础。了解表面物理化学的基本规律和定律，在物理化学的学习中，学生可以着重了解表面化学的基本原理和共同规律。其次，通过进一步培养学生的独立学习能力，学生也可以在自己的课堂学习中津津有味地听讲，对教师而言，又何尝不是一种享受呢？

（三）课程考核方式改革

目前，我院所有课程的成绩由平时成绩（40%）和考试成绩（60%）两部分组成。但是，对于物理化学这门课程，我们认为教学重心是培养学生的创新性思想，培养学生对科学研究的热情。学好理论课为物理化学实验的教学奠定了良好的知识基础。因此，本课程成绩主要由以下四个部分构成：第一：课后作业占5%。第二：期中考核占20%。第三：将全班分成7～8个小组，每组围绕该节课程重点和难点中的有关知识点展开讨论，作5～10分钟的总结报告，由教师根据讨论情况和解决问题的程度给予分值，这部分占15%。最后，期末考试占60%。事实证明，这种平时表现与期末考试并重的人才培养方法，充分调动了学生的主动性和创新能力，不但检验了学生对本课程基础理论知识的了解，也有助于对学生创新能力与共同合作能力的培养。

（四）结论

"对分课堂"教学方法，总结了中国传统课程中以讲授式课堂教学的特点，引入了"对分"式的教学方式，减少了讲授式课堂教学中学生被动理解的现象，并引导学生积极参与课堂教学活动，由此加强了生生互动和师生互动，并激发了学生自主思考的能力。课堂教学一改教师填鸭式授课的形式，从而全面提高了物理化学实验课的教学质量，培养了学生良好的综合科学素养。

参考文献

[1] NGSS Lead States. Next generation science standards: for states, by states [M]. Washington, DC: National Academies Press, 2013: 5-8.

[2] OECD. Launch of PISA 2015 Results [EB/OL]. (2017-04-10). http://dx.doi. org/10.1787/8789264285521-en.

[3] 中华人民共和国教育部. 普通高中化学课程标准（2017版）[S]. 北京：人民教育出版社，2017：2.

[4] 王赛君. 让"论证式教学"面向全体学生 [J]. 湖北教育（科学课），2017（4）：32-35.

[5] 雷万秀. 初中化学探究式教学的实施现状与改进策略研究 [D]. 重庆：重庆师范大学，2016：21-35.

[6] 赵德成. 到底还要不要继续推动探究式教学 [J]. 课程·教材·教法，2018，38（7）：41-46.

[7] 杨梅. 探究式教学存在问题及对策研究 [D]. 哈尔滨：哈尔滨师范大学，2015：30-56.

[8] 王星乔，米广春. 论证式教学. 科学探究教学的新图景 [J]. 中国教育刊，2010（10）：50-52.

[9] SAMPSON V, GROOMS J. Science as argument-driven inquiry, the impact on students' conceptions of NOS [R]. The 2008 Annual International Conference of the National Association of Research in Science Teaching (NARST). Baltimore, MD, 2008: 2-11.

[10] 魏巧玲. 中学生"科学论证"能力发展研究的回顾与反思 [C] // 中国化学会第四届全国中学化学教育高峰论坛暨第八届中国化学会关注西部中学化学教育发展论坛会议论文集，2018：101-117.

[11] WALKER J P, SAMPSON V, GROOMS J, et al. Argument-driven inquiry in undergraduate chemistry labs: the impact on students' conceptual, arguement

skills, and attitudes toward science [J]. Journal of college science teaching, 2012, 41 (4): 74-81.

[12] 弭乐, 郭玉英. 渗透式导向的两种科学论证教学模型述评 [J]. 全球教育展望, 2017, 46 (6): 60-69.

[13] 陈川瑜. 国内 ADI 教育研究综述 [J]. 广西教育, 2017 (2): 16-17.

[14] SAMPSON V, GLEIM L. Argument-Driven Inquiry to Promote the Understanding of Important Concepts & Practice in Biology [J]. The American Biology Teacher, 2009, 71 (8): 465-472.

[15] SAMPSON V, WALKER J P. Argument-driven inquiry as a way to help undergraduate students write to learn by learning to write in chemistry [J]. International journal of science education, 2012, 34 (10): 1443-1485.

[16] WALKER J P, SAMPSON V. Learning to argue and arguing to learn in science: argument-driven inquiry as a way to help undergraduate chemistry students learn how to construct argument and engage in argumentation during a laboratory course [J]. Journal of research in science teaching, 2013, 50 (5): 561-596.

[17] SAMPSON V, WALKER J P. Argument-driven inquiry as a way to help students learn how to participate in scientific argumentation and craft written arguments an exploratory study [J]. Science education, 2011, 95 (2): 217-257.

[18] GROOMS J, ENDERLE P, SAMPSON V. Coordinating scientific notation and the next generation science standards through argument-driven inquiry [J]. Science educator, 2015, 1 (24): 45-50.

[19] 何嘉媛, 王璇, 刘恩山. 基于论证探究式教学模型的行动研究 [J]. 生物学通报, 2013, 48 (11): 21-27.

[20] 何嘉媛, 刘恩山. 论证探究式教学模型及其在理科教学中的应用 [J]. 生物学通报, 2012, 47 (10): 27-31.

[21] 梁微. 尝试 ADI 在高中生物有效实验课堂中的运用 [J]. 生物技术世界, 2013 (3): 103-105.

[22] 姚舒, 崔荣荣. 论证探究式教学模式对我国生物学实验教学的启示 [J]. 生物学教学, 2017, 42 (6): 61-62.

[23] 吕国裕. "pH影响酶活性" 论证: 探究式教学设计赏析与思考 [J]. 中学生物教学, 2021 (1): 47-50.

[24] 寇振莉. 论证探究式教学模型在高中生物教学中的应用 [J]. 现代教育教学探索, 2015 (2): 61-62.

[25] 金泓利. ADI混合教学模式在高中生物教学中的应用研究 [D]. 重庆: 西南大学, 2021: 15-53.

[26] 陈川瑜. ADI融入高中生物课堂教学的实证研究 [D]. 桂林: 广西师范大学, 2017: 22-42.

[27] 倪元媛. "ADI教学模型" 在高中生物学中的实践研究 [D]. 成都: 四川师范大学, 2018: 13-62.

[28] 陈玉玲. ADI教学模式在高中生物实验教学中的应用研究 [D]. 漳州: 闽南师范大学, 2019: 25-54.

[29] 王元洁. ADI模型在高中生物学探究教学中的应用 [D]. 杭州: 杭州师范大学, 2019: 19-42.

[30] 成银. 论证式教学在高中生物教学中的应用初探 [D]. 南京: 南京师范大学, 2018: 26-45.

[31] 辛慧. 基于科学论证的高中物理教学案例分析与教学设计研究 [D]. 曲阜: 曲阜师范大学, 2020: 21-37.

[32] 于璐. 基于论证式教学的高中物理教学设计研究 [D]. 曲阜: 曲阜师范大学, 2021: 14-49.

[33] 周胜林, 钱长炎. ADI教学模式及其在高中物理实验教学中的应用: 以 "电池电动势和内阻的测量" 实验为例 [J]. 物理通报, 2021 (2): 92-96.

[34] 郭志坚. ADI教学模式在高中物理教学的实践研究 [J]. 高考, 2021 (16): 15-16.

[35] 沈千会. ADI教学模式在物理实验教学中的应用 [D]. 南京: 南京师范大学, 2020: 24-49.

[36] 韩银凤, 李苗苗, 张瑞林. 论证探究式教学模型的化学课堂应用 [J]. 广东化工, 2018, 45 (14): 260.

[37] 高园娜. 显性NOS教学嵌入ADI对学生科学本质观的影响 [D]. 兰州: 西北师范大学, 2020: 20-42.

[38] 倪元媛, 徐作英. 论证探究式教学模型与一般科学探究的比较及教学启示 [J]. 中学生物教学, 2017 (4): 15-17.

［39］ 李梅.基于ADI教学模式提升初中生科学探究能力的实践研究［D］.成都：四川师范大学，2021：14-35.

［40］ BRICKER L A, BELL P. Conceptualizations of argumentation from science studies and the learning sciences and their implications for the practices of science education［J］. Science education, 2008, 92（3）：473-498.

［41］ 现代汉语大词典编委会.现代汉语大词典［M］.上海：汉语大词典出版社，2000：515.

［42］ 斯蒂芬·图尔敏.论证的使用［M］.谢小庆，王丽，译.北京：北京语言大学出版社，2016：639.

［43］ 陆生芳.高中化学教学中学生推理论证能力的培养［J］.新课程研究，2020（20）：84-85.

［44］ SAMPSON V, ENDERLE P, GROOMS J, et al. Writing to learn by learning to write during the school science laboratory；Helping middle and high school students develop argumentative writing skills as they learn core ideas［J］. Science education, 2013 , 97（5）：643-670.

［45］ 郭昱麟.浅谈认知主义学习理论的研究及其应用［J］.黑龙江科学，2015，6（9）：112-113.

［46］ 田磊，史建伟，任立峰.认知主义学习理论与体育基础教材设计关系研究［J］.教学与管理（理论版），2008（12）：120-121.

［47］ 刘聪聪."三六导学教学模式"在高中生物教学中的应用研究［D］.武汉：华中师范大学，2016：24-57.

［48］ 梁静华.高中生物论证教学的实践研究［D］.桂林：广西师范大学，2018：19-46.

［49］ 李雁冰.科学探究、科学素养与科学教育［J］.全球教育展望，2008，37（12）：14

［50］ 高潇怡，刘文莉.将科学论证融入科学教学：ADI科学论证教学模型简介［J］.中国科技教育，2020（4）：6, 20.

［51］ 江世兵.化学实验课程改革与创新研究［J］.广东职业技术教育与研究，2013（2）：163-165.

［52］ 中华人民共和国教育部.义务教育生物学课程标准（2011年版）［M］.北京：北京师范大学出版社，2012.

［53］ 何嘉媛，王璇，刘恩山 . 基于论证探究式教学模型的行动研究［J］. 生物学通报，2013（11）：25-29.

［54］ MILLAR R. Towards a role for experiment in the science teaching laboratory［J］. Studies in science education，1987，14（1）：109-118.

［55］ 罗星凯 . 物理实验的教育功能［J］. 教育研究，1990（10）：69-72.

［56］ 周胜林，钱长炎 . ADI教学模式及其在高中物理实验教学中的应用：以"电池电动势和内阻的测量"实验为例［J］. 物理通报，2021（2）：92-96.

［57］ INFANTE D A，RANCER A S A. Conceptualization and measure of argumentativeness［J］. Journal of personality assessment，1982，46（1）：72-80.

［58］ 韩葵葵 . 中学生的科学论证能力［D］. 西安：陕西师范大学，2016：24-93.

［59］ SONG Y，FERRETTI R P. Teaching critical questions about argumentation through the revising process：effects of strategy instruction on college students' argumentative essays［J］. Reading and writing，2013，26（1）：67-90.

［60］ 张文君 . 高中生在社会性科学议题中的论证能力调查［D］. 南京：南京师范大学，2017：18-42.

附　录

附录一　论证–探究过程记录表

论证任务	
预测	
收集的数据	
初步解释	
推理过程	
书面化解释	
他人是否提出质疑？（勾选）	"是"或"否"
他人的质疑是？（若没有质疑不填）	
他人的质疑是否合理？为什么？（若没有质疑不填）	
结论	

附录二　实验方案与记录表

实验探究的任务与问题	1. 2. ……
提出预测	预测 1. 预测 2. ……
实验方案	实验原理： 实验药品： 实验装置图： 实验步骤：
实验数据	1. 2. 3.

附录三　科学论证倾向量表

各位同学，请在下列叙述中根据自己的实际情况勾选最符合自己意愿的等级。

问题	非常不同意	不太同意	不确定	同意	非常同意
1. 当我反驳他人观点时我担心给他人留下不好的印象					
2. 我认为当面对有争议的问题时辩护自己观点或反驳他人观点会使我思维得到提升					
3. 我认为辩护自己观点和反驳他人观点没有意义					
4. 我辩护自己观点或反驳他人观点时会很兴奋					
5. 在辩护自己观点或反驳他人观点后我不希望再有此类事情					
6. 我认为辩护自己观点或反驳他人观点时能引发不同观点					
7. 我成功为自己观点辩护或反驳他人观点时会感到身心愉悦					
8. 当我为自己观点辩护或反驳他人观点时会感到紧张与不安					
9. 我喜欢就有争议的问题辩护自己观点或反驳他人观点					
10. 我认识到必须为自己观点辩护或反驳他人观点时会难受					
11. 我倾向于针对有争议性的科学问题展开辩论					
12. 我成功避免辩护自己观点或反驳他人观点时感到身心愉悦					
13. 我乐于争取在有争议的问题中辩护自己观点或反驳他人观点的机会					

续表

问题	非常 不同意	不太 同意	不确定	同意	非常 同意
14. 我喜欢和很少反驳我的人相处					
15. 我认为辩护自己观点或反驳他人观点是极富激情的比赛					
16. 当我想为自己观点辩护或反驳他人观点时头脑一片空白					
17. 在有争议的问题中辩护自己观点或反驳他人观点时，我感到十分畅快					
18. 我有成功辩护自己观点或反驳他人观点的信心					
19. 我不喜欢参与辩护自己观点或反驳他人观点的情境					
20. 与他人交谈时辩护自己观点过反驳他人观点会让我感到很有激情					

附录四 科学论证能力测验（一）

1. 绿矾受热分解

某化学兴趣小组用绿矾为原料探究硫酸亚铁受热分解生成何种产物，实验装置如下图。该小组实验数据记录为：②中产生白色沉淀，③中红色褪去，①中实验停止时发现绿色晶体变为红棕色。请你根据实验现象回答问题：

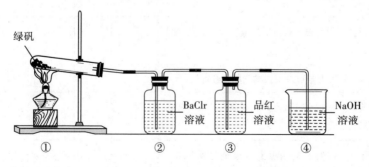

（1）你根据实验兴趣小组记录的实验现象，可以得出什么结论？

（2）得出此结论的理由是什么？

（3）另一兴趣小组的实验方案和上述兴趣小组不同，你认为另一兴趣小组的实验方案是什么？实验现象是什么？

（4）你认为另一兴趣小组的实验方案与实验结论合理吗？请说明理由。

2. 离子成分推断

某黄色溶液中可能含有 H^+、Na^+、Mg^{2+}、Fe^{3+}、Cu^{2+}、SO_4^{2-}、Cl^-、CO_3^{2-}、HCO_3^- 等离子。化学兴趣小组取该溶液进行下列实验：① 向溶液中滴加适量氢氧化钡溶液，过滤后得到不溶解于酸的白色沉淀和黄色滤液 a；② 取少量滤液 a，先滴加适量稀硝酸，再滴加 $0.001\ mol \cdot L^{-1}$ 硝酸银溶液，生成白色沉淀。

（1）小张认为该黄色溶液中一定存在 H^+、SO_4^{2-} 和 Cl^-，你是否认同？

（2）请说出认同或不认同的理由。

（3）小李提出了与小张不同的结论，你认为小李的结论是什么？请说明理由。

3. 聚氯乙烯

聚氯乙烯是世界上产量最大的塑料产品之一，其价格便宜，应用广泛，耐化学药品性高，机械强度及电绝缘性良好等优点，聚氯乙烯最大的特点是阻燃，因此被广泛用于防火应用，然而聚氯乙烯的热稳定性差，在使用中会有 PVCU 单体和添加剂渗出，且在燃烧过程中会释放出氯化氢、二噁英等有毒气体。

（1）请谈谈你对聚氯乙烯的看法。

（2）你提出看法的证据是什么？

（3）小张认为聚氯乙烯因为热稳定性差，那么在低温环境下使用聚氯乙烯材料就不会有 PVCU 单体和添加剂渗出，你认为他的看法合理吗？

（4）如果你不认同小张的看法？请给出理由。

附录五　科学论证能力测验（二）

1. 木炭与浓硫酸反应

下图为木炭与浓硫酸反应装置图，可观察到装置①中有大量气体溢出。实验装置如图所示。

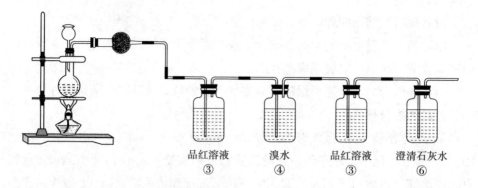

品红溶液　　　溴水　　　品红溶液　　　澄清石灰水
　　③　　　　　④　　　　　③　　　　　　⑥

（1）请你推测实验中除了观察到装置①中有大量气体溢出，还能观察到什么实验现象。

（2）你推测产生（1）中实验现象的理由。

（4）你认为实验中木炭能与浓硫酸反应的原因是什么？请给出理由。

2. 探究 K_2FeO_4 的性质

为探究 K_2FeO_4 的性质，某实验小组先配制了 K_2FeO_4 溶液，取少量 K_2FeO_4 溶液于试管中，用胶头滴管滴加适量稀盐酸，可观察到有黄绿色气体逸出，得到溶液①，经分析该黄绿色气体中含有氯气。为证明是否 K_2FeO_4 氧化了 Cl^- 生成 Cl_2，实验小组进行了如下实验：取少量溶液①，滴加 KSCN 溶液至过量，溶液呈红色。

资料卡片：Fe^{3+} 与 KSCN 反应，溶液由黄色变为红色。

（1）请你根据所给材料，分析实验小组是否证明了 K_2FeO_4 氧化 Cl^- 产生 Cl_2？理由是什么？

（2）如果需要你来验证是否 K_2FeO_4 氧化 Cl^- 产生 Cl_2，你会采取的实验方案是什么？理由是什么？

3. 温度对 AgCl 溶解度的影响

温度与溶解度具有怎样的关系呢？针对此问题，某化学兴趣 A 组提出两个猜想，分别为：① 较高温度的饱和溶液的电导率较大。② 在水中的溶解度 s（45 ℃）>s（35 ℃）>s（25 ℃）。随后，他们通过实验来验证猜想，下表是他们的实验方案。

资料卡片1：电导率是一种反映电解液传导性能的物理参数，在特定的温度下，强电解质稀溶液的电导率与其所含离子的浓度成正比；在不改变离子浓度的情况下，稀溶液电导率与温度呈正相关。

实验序号	试样	测试温度/℃	电导率
1	25 ℃的AgCl饱和溶液	25	A1
2	35 ℃的AgCl饱和溶液	35	A2
3	45 ℃的AgCl饱和溶液	45	A3

小组实验结果为：A3>A2>A1。

（1）请你根据实验结果，分析实验结论，写出论证过程。

（2）如果其他小组成员指出，此实验结果仅能证明猜想①成立，猜想②不成立，你认为他的理由是什么？应设计怎样的实验方案验证猜想②？

你同意他们的实验方案吗？请给出理由。

附录六　制备氧气的教学设计

一、教材分析

"制取氧气"是人教版《化学》教科书（九年级上册）第二单元课题3的内容，是本单元的重点内容之一。在历年中考化学实验中，也是重点内容。本课题是学生第一次接触实验室制备气体的课题，是学生具体地从化学的角度出发，学习和研究制备物质的开始，有利于进一步熟悉常见仪器的使用，教学中通过对气体制取一般方法予以介绍，让学生对制取气体的方法有一定的认识，为学习"二氧化碳的制取的研究"打下基础。

二、学情分析

学生经过课题2的学习和活动，对氧气的性质及用途有了较深刻的认识，对氧气产生了浓厚的探究欲望，并且学生具有知识和实验技能的储备，这些已有的知识为本节课起到了铺垫的作用。这是学生第一次学习气体的制备，没有头绪，需要教师加以引导。本课题是气体制备的起始课，是学生对化学实验基本操作的综合应用，为今后"物质的制备"奠定了基础。

三、教学目标

1. 知识与技能

① 实验室制取氧气的主要方法和原理，初步了解实验室制取新物质的方

法，培养学生的实验技能。

②认识分解反应、催化剂及催化作用。

③初步学会实验室制取氧气的方法。

④练习连接仪器的基本操作，动手制取氧气。

2. 过程与方法

通过学生动手实验进行科学探究，在活动过程中对获取的信息进行加工处理。从中培养学生的观察能力、分析能力、实验操作能力。

3. 情感态度与价值观

激发学生学习化学的兴趣和探究的欲望，培养学生的创新意识。

四、教学重点和难点

①教学重点：氧气的制法和实验操作。催化剂的概念、作用和实验装置。

②教学难点：催化剂的概念、作用和实验装置。

五、教学方法

①教法：演示实验法、讨论归纳法、实验探究法、对比总结法、多媒体辅助教学法。

②学法：自主学习、探究学习、合作学习。

六、教学过程

1. 提出任务

情境引入：被称为生命之气的"氧气"在生产生活当中至关重要，在支持燃烧和供给呼吸方面不可缺少，那么在实验室中如何制取氧气呢？（教学中发现，在提出任务时如果设置了情境引入环节，学生的学习兴趣会比直接提出任务要高涨得多）

本课内容涉及的知识点有氧气的制备和实验操作，因此提出以下的学习任务：①如何制备氧气，化学方程式是什么样的？②需要什么样的反应装置？③制备的气体应该如何检验？

2. 收集数据和资料

在提出任务后，学生们将以小组的形式搜集信息，并做出假设。在这个过程中，教师将在教室里活跃地指导，回答学生的提问，并给出指导和建议，以帮助他们更好地理解和解决问题。例如，学生们可能会做出的假设是：

① 氧气的制备是固体加热，如加热高锰酸钾或者氯酸钾。

② 氧气可以使带火星的木条复燃，是否可以用来检验气体是氧气？

③ 氧气的反应装置是否类似固体加热的装置，如碳还原氧化铜？

在本节课中，我们将重点关注找到课题、给出假说和设计试验。我们将会通过反例论证和实验论证来支持我们的设想，并且通过分组研究来确立实验的总体设计思想。在制定实验方案之前，学生将会进行独立思考，并且会根据自己的经验和想法，制定出所需的材料和步骤。在这个过程中，教师会提供必要的实验材料，并密切关注实验的安全性，以便学生能够更好地发挥自身潜能。

在教学过程中，发现一些学生在收集信息时对数据和资料重视度不高，觉得知识点很简单，不愿意自己动手去搜集整理，导致后续实践时出现问题。

3. 构建论据

通过深入研究，学生可以从多方面构建自己的想法，包括思考来源、证据解释、推理目的等，从而更好地理解科学，而不是被动地接受知识，从而更有效地运用证据和推理来支撑自己的假设。例如氧气的制备、原理和步骤中，这就需要学生从化学方程式入手，通过书本和网络来思考来源，并利用原理进行证据解释，做到每一个步骤都是有理有据。

教学中发现很多学生无法提出自己的想法，面对自己需要动手或者说明的知识就束手无策，原因是学生习惯于教师的灌输式讲解，没有主动质疑的意识；此外，知识结构存在漏洞，无法就某个模型进行连贯性的证明和推理。

4. 论证阶段

在这个阶段，学生们可以充分展示自己的想法，并且通过解释和说明来证明他们的假设和设计。他们之间可能会有不同的观点和思维方式，但通过这些差异，他们可以实现合作学习的目标。通过这种方式，学生们可以体验科学家们如何构建理论和假设，并且可以为教师提供有关他们思维能力的信息。例如，氧气制备的操作步骤，学生对于每一步都可以提出自己的解释。千人千面，每个人的步骤和仪器选择可以存在差异，只要能提出让人信服的解释即可。

5. 研究报告

学生将搜集氧气制备的信息进行总结，书写研究报告。通过写作，学生可以更好地理解和表达问题，并通过推理和论证的方式来提升自己的科学写作能力。同时，他们也可以通过反思和修正来完善自己的写作。

6. 学生研讨

对于氧气制备中的实验装置、实验步骤，每个人的选择存在差异，同时会有疑问需要进行解决，需要学生通过交流进行问题探讨。教师会根据"查漏补缺"的分组，让学生们进行小组讨论，讨论中可能存在的歧义和不同观点，并给出反馈。最后，每个小组都会选出代表，展示讨论的结果，并解释、论证和推理。教师应该积极参与到学生的论证和推理过程中，不仅要鼓励学生提出质疑，还要给予指导，帮助学生更好地了解论证的深度，并且对于推理中的疑难问题也要及时进行解释。在同学们交流完毕后，教师应该根据他们的反馈来补充知识点，并通过讲授、练习等方式来加强他们对重点和难点的了解。同时，教师还应该对学生的整体表现给予评估，并对优秀的部分给予表扬，对于存在的问题提出修正建议。

教学中发现一部分学生在合作交流时呈现躲避的状态，原因是对合作交流的重视度不足，缺乏合作交流的意识。此外，一些学生习惯于自我学习，没有互相学习的观念。

7. 思考改进

经过师生共同讨论研究，我们将报告提交给学生，学生根据反馈信息和教师的指导，进行修订和补充，并以作业的形式提交，教师进行审核和评估。我们会在课堂上加强对报告中存在的问题的解决，并对部分问题进行单独的教学，既可以锻炼学生的写作能力，又可以帮助他们更好地理解科学知识，教师也会根据学生的学习水平，提供针对性的教育，以帮助他们更好地完成任务。通过提供有针对性的指导和支持，帮助那些理解和学习能力较弱的学生，缩小学生之间的差距。

8. 讨论反思

学生应该从自身的错误中吸取教训，仔细分析原因，并从中提炼出有益的启发，教师应该提供正确的指导，帮助学生拓展自己的知识面，增强思维逻辑判断、论证推理能力，从而更好地完成学习任务。

附录七　ADI教学模型在初中化学教学理论中教学现状的问卷调查

尊敬的教师：

您好！非常感谢您在百忙之中抽出宝贵的时间来填写这份调查问卷。本问卷是为了了解高中课堂中ADI教学模型的教学现状，您真实的意见和建议对我们很重要，敬请各位老师如实填写这份问卷，不胜感激。

1. 在此之前您对ADI教学模型有了解吗？（　　　）

A. 完全了解　　　　　　　　B. 比较了解

C. 一般　　　　　　　　　　D. 比较不了解

E. 完全不了解

2. 您认为培养学生的批判性思维和论证性思维重要吗？（　　　）

A. 非常重要　　　　　　　　B. 比较重要

C. 一般　　　　　　　　　　D. 比较不重要

E. 非常不重要

3. 您认为在教学过程中使用ADI教学模型对您自身的教学能力有影响吗？（　　　）

A. 非常影响　　　　　　　　B. 比较影响

C. 一般　　　　　　　　　　D. 有一点影响

E. 不影响

4. 若在课堂上应用ADI教学模型对您备课时投入精力的影响（　　　）

A. 备课量明显增大　　　　　B. 备课量稍有增大

C. 备课量几乎不变　　　　　D. 备课量稍有减少

E. 备课量明显减少

5. （多选）每一次实验的实验任务和实验原理，您采取的教学方式（　　　）

A. 实验课前给学生讲解清实验的任务和实验的原理，学生再进行实验

B. 实验课前教师引导学生自己去明确实验任务和原理，学生再进行实验

C. 实验中教师一边讲解实验任务和实验原理，学生一边进行实验操作

D. 实验课前由学生自主学习并确定实验的任务和原理，然后再进行实验

E. 教师播放实验操作过程的视频，然后给学生讲解清实验任务和原理，学生不进行实验

F. 其他

6.（多选）当学生做完实验后，您采取什么方式巩固学生实验部分的知识？（　　　）

A. 很少给学生巩固实验知识，通常是让学生自行抽空巩固

B. 安排学生按照我给的模板写实验报告来进行巩固

C. 安排学生做与实验相关的试题

D. 等到一个章节、期中或者期末的时候教师带领同学们回头来巩固

E. 其他

7.（多选）对于学生平时闭卷考试的考卷，您采取何种方式进行评阅？（　　　）

A. 给学生答案，学生自行评阅

B. 不给答案，同学们通过寻找资料来自行评阅

C. 将学生作业或考卷打乱后，同学间互相评阅

D. 我给同学们评阅

E. 其他

8.（多选）您认为在教学过程中使用ADI教学模型会对学生产生怎样的影响？（　　　）

A. 提高学生学习兴趣　　　　　　B. 改变学生认知方式

C. 促进学生深入学习知识　　　　D. 促进学生间的合作、交流

E. 培养学生的批判性思维和论证性思维的科学思维

F. 其他

9.（多选）您认为影响ADI教学模型的影响因素有哪些？（　　　）

A. 教学内容　　　　　　　　　　B. 教师自身的理论素养

C. 学生自身的因素　　　　　　　D. 课时长短

E. 教学时所提供的素材

附录八　初中化学课堂实验对中学生的影响调查问卷

1. 对于初三年级新出现的化学学科，你喜欢吗？［单选题］

○非常喜欢
○一般喜欢
○不喜欢

2. 作为初三学生，第一次接触化学这门学科，对于老师讲授的知识更喜欢理论性的还是实践性的？［单选题］

○偏理论性
○偏实践性
○都可以

3. 你们经常在什么地方上化学课？［单选题］

○教室
○化学实验室
○二者概率接近

4. 对于书中提到的实验，教师会带领你们做，还是教师做给你们看？［单选题］

○教师做，学生观看
○教师带领学生一起做
○教师引导学生自己动手做

5. 对于书中提到的实验教师会每一个实验都带领学生做吗？［单选题］

○是的
○不是每一个都做，偶尔会做
○只做与实验考试有关的实验

6. 书中提到的有关实验的知识教师是直接讲授还是通过实验授课？［单选题］

○直接讲授
○通过实验授课
○一般实验的知识直接讲授，有关化学考试的知识在实验中体现出来

7. 你更喜欢哪种实验方法？［单选题］

○看教师做实验
○在教师的引导下自己动手做实验
○都可以

附录九 关于高中化学实验实施"ADI教学模式"的调查问卷

尊敬的教师：

您好！感谢您在百忙之中抽出时间填写本次调查问卷，为了了解高中化学实验教学的实施情况，为毕业论文研究所用，特开展本次问卷调查并恳请您的协助，本次问卷采用不记名的方式，不涉及教师的个人工作评价，所有的调查结果仅供研究参考，无需有任何顾虑，您只需如实填写。

感谢您的填写！

一、您的基本信息

性别：（   ）A. 男   B. 女

教龄：＿＿＿＿＿＿＿

任教学校：＿＿＿＿＿＿＿＿＿

1. 您在实验课上经常使用讨论探究的方式进行教学吗？

A. 经常   B. 偶尔

C. 基本不会

2. 您每次上实验课前，如何让学生明确实验目的？

A. 让学生提前预习   B. 直接讲解实验目的

C. 分发实验讲义   D. 教师引导学生明确实验目的

3. 实验过程中，学生如何了解实验方案？

A. 按照教材中的实验方案

B. 教师亲自演示实验步骤或多媒体演示

C. 学生自主设计实验方案

D. 其他

4. 您每次实验课时，给学生的实验探究时间平均多久？

A. 5 分钟以下　　　　　　　　　B. 5~10 分钟

C. 10~20 分钟　　　　　　　　　D. 20 分钟以上

5. 在实验课上，学生分组实验时，您会安排几个人为一组？

A. 2~3 人一组　　　　　　　　　B. 4~6 人一组

C. 7~8 人一组　　　　　　　　　D. 8 人以上一组

6. 如果在实验过程中，出现意见分歧，您是如何解决的？

A. 直接讲解　　　　　　　　　　B. 师生共同讨论后解决

C. 其他

7. 实验中，得出的数据是否展开论证？

A. 经常　　　　　　　　　　　　B. 偶尔

C. 基本不会

8. 得出实验结论后，您是否同学生进行反思讨论和总结？

A. 经常　　　　　　　　　　　　B. 偶尔

C. 基本不会

9. 实验结束后，您会要求学生撰写实验报告吗？

A. 每次都会　　　　　　　　　　B. 部分实验会

C. 基本不会

10. 在实验过程中，您会进行评价吗？

A. 每个步骤都会评价　　　　　　B. 会对部分实验过程进行评价

D. 只对实验结果进行评价　　　　C. 基本不会评价

11. 实验结束后，您会布置一些拓展作业吗？

A. 经常　　　　　　　　　　　　B. 偶尔

C. 基本不会

12. 您在职业生涯中了解过一些不同的教学模式（ADI、PCRR、同伴互动、TAP 等）吗？

A. 了解过　　　　　　　　　　　B. 了解一些

C. 基本没有了解

附录十 教师访谈提纲

1. 您在化学教学中注重化学实验教学吗？ 通常采用什么样的方式进行教学？

2. 您平时是如何提高学生的论证探究能力？

3. 您觉得现在的化学实验教学有哪些方面的不足，应该如何改进？

4. 您是否研究过新的教学模式？

5. 您是否对ADI教学应用在化学上进行研究？ 这种教学模式有何优缺点？

6. 您对开展这项调查有何建议？

附录十一 "问题链"在初中化学教学中应用的研究的学生调查问卷

亲爱的同学们：

大家好！目前我正在进行"问题链"在初中化学教学中的应用研究，以下问题请同学们根据自己的实际情况进行回答。本问卷只做研究使用，采用匿名形式，没有对错之分。在答案上打"√"即可。你们的回答对该研究具有非常重要的参考价值。感谢您的配合！

序号	问题	选项	结果
1	您喜欢教师哪种教学方法？	A. 讲授法 B. 活动探究法 C. "问题链"教学方法 D. 讨论法	
2	您了解"问题链"教学方法吗？	A. 很了解 B. 一般 C. 不了解	
3	您对教师的提问感兴趣吗？	A. 非常感兴趣 B. 比较感兴趣 C. 一般感兴趣 D. 毫不感兴趣	

序号	问题	选项	结果
4	您在课堂上会积极回答教师的提问吗?	A.总是会 B.看问题难易 C.总是不会	
5	您认为教师的课堂提问怎么样?	A.问题难度适中,循序渐进 B.提问后,留给学生足够时间思考 C.问题设计合理,但难以引导知识的迁移 D.教师提出的问题不够明确	
6	您喜欢教师的哪种教学方法?	A.讲授法 B.活动探究法 C."问题链"教学法 D.讨论法	
7	您在课堂上会积极回答教师的提问吗?	A.总是会 B.看问题难易 C.总是不会	
8	您认为教师的提问对知识掌握的引导作用大吗?	A.作用非常大 B.作用比较大 C.作用不大 D.完全没用	
9	您认为"问题链"教学怎么样?	A.非常好 B.比较好 C.一般 D.不好	
10	您如何评价教师的提问?	A.提问难,常回答不上来 B.问题合理,能够引导知识的迁移 C.与知识联系不大,听着走神	

附录十二 "问题链"在初中化学教学中应用的研究的教师调查问卷

序号	问题	选项	结果
1	您常用的教学方法是什么?	A. 讲授法 B. 讨论法 C. "问题链"法 D. 活动探究法	
2	您了解"问题链"教学法吗?	A. 非常了解 B. 比较了解 C. 一般了解	
3	您会在初中化学教学中采用"问题链"式教学法吗?	A. 经常会 B. 偶尔会 C. 从不会	
4	您如何看待"问题链"在初中化学教学中的应用?	A. 需要根据具体内容选择 B. 缺乏足够的时间设计"问题链" C. 有助于学生理解知识	
5	您认为课堂上使用"问题链"教学方法的目的是什么?	A. 引导学生深入掌握知识 B. 集中学生的注意力 C. 发展学生的思维	
6	您认为问题教学法值得应用吗?	A. 非常值得 B. 比较值得 C. 不值得	
7	您认为应用"问题链"的效果如何?	A. 非常好 B. 比较好 C. 一般 D. 较差	
8	您认为应用"问题链"教学对学生有哪些作用?	A. 有利于增强教材知识的理解 B. 有利于学生学习能力的培养 C. 有利于活跃学生的思维 D. 有利于学生表达能力的培养	

序号	问题	选项	结果
9	您认为有效的"问题链"应符合哪些条件？	A. 吸引学生学习的兴趣 B. 有紧密的逻辑 C. 加深对知识的理解	
10	您认为影响"问题链"应用的原因有哪些？	A. 学校升学的要求 B. 课程进度需要 C. 学生参与度 D. 设计"问题链" E. 教师知识水平	

附录十三　前期对化学教师访谈提纲

问题一：根据您的教学经验，初三学生学习化学的能力如何？

问题二：您对5E教学模式了解多少？您怎么看？

问题三：依据您对5E教学模式的了解，您愿意尝试实施5E教学模式吗？

附录十四　后期对学生访谈提纲

问题一：对于此次的5E教学模式你喜欢吗？有什么建议？

问题二：在进行此模式之前实验课之前会有特别的预习课本以及实验？之后呢？

问题三：课上小组讨论时有没有涉及与化学实验无关的话题？怎样对待自己组内无法解决的问题？

问题四：如果下个学期还会进行5E教学模式，还会愿意接受吗？

附录十五　个人学习情况问卷调查

题目内容	符合程度				
	完全 符合	基本 符合	一般 符合	基本不 符合	完全不 符合
1. 化学实验课上都是我喜欢的内容					
2. 学习化学实验感到快乐					
3. 每次新授课都会定下学习目标					
4. 预习新课时，不懂的地方会等着上课听老师讲解吗？					
5. 化学实验题目我会先完成					
6. 为了取得优异成绩我会制定学习目标					
7. 每次上完实验课后，我都会及时复习					
8. 对十做错的题目会进行分析，批注					
9. 我喜欢和同学们一起讨论化学题					
10. 我会根据自己学习情况去买化学教辅资料					

附录十六　初三学生融入化学史教育的情况调查问卷

亲爱的同学：

您好！经过一个多学期的化学学习，我们对您在某些方面的变化进行了深入的调查研究，以期更好地了解您的学习情况。这项调查不需要提供个人信息，因此您的回答并不会受到任何限制。我们强烈建议您认真填写问卷，并尽量保持个人真实性。您的反馈将会直接影响我们的调查结果。感谢您对我们工作的无私贡献，祝愿您在学习上取得更大的成就，生活更加美好！

1. 你喜欢上化学课吗？

A. 很喜欢　　　　　　　　B. 较喜欢

C. 一般　　　　　　　　　D. 不喜欢

E. 不是很清楚　　　　　　F. 不知道

2. 你是否对本课程中的化学史内容感兴趣？

A. 非常感兴趣　　　　　　　B. 比较感兴趣

C. 感兴趣　　　　　　　　　D. 不感兴趣

E. 不是很清楚　　　　　　　F. 不知道

3. 中国古代炼丹家炼丹的方法主要是什么？

A. 熔烧法　　　　　　　　　B. 蒸馏法

C. 过滤法　　　　　　　　　D. 升华法

E. 不是很清楚　　　　　　　F. 不知道

4. 您认为燃烧的"氧化学说"是由谁创立的？

A. 拉瓦锡所创立　　　　　　B. 舍勒所创立

C. 普利斯特里所创立　　　　D. 他们三人均做出贡献

E. 不是很清楚　　　　　　　F. 不知道

5. 你对拉瓦锡测定空气中氧气含量时所用实验方法是否清楚？

A. 完全清楚　　　　　　　　B. 基本清楚

C. 基本不清楚　　　　　　　D. 完全不清楚

E. 不是很清楚　　　　　　　F. 不知道

6. 你认为元素周期律是谁发现的？

A. 门捷列夫　　　　　　　　B. 迈耶尔

C. 纽兰兹　　　　　　　　　D. 门捷列夫、迈耶尔、纽兰兹等作出贡献

E. 不是很清楚　　　　　　　F. 不知道

7. 你认为化学史知识可以增加你对化学的学习兴趣吗？

A. 非常同意　　　　　　　　B. 比较同意

C. 同意　　　　　　　　　　D. 不同意

8. 你认为化学史知识的引入对相关知识的理解是否有帮助？

A. 有很大帮助　　　　　　　B. 比较有帮助

C. 有帮助　　　　　　　　　D. 没帮助

9. 你认为化学教学中利用化学史教学对于你化学成绩的影响怎样？

A. 有很大提高　　　　　　　B. 有些提高

C. 一般般，没提高　　　　　D. 成绩下降

F. 成绩大幅下降

10. 你认为通过化学史的学习你有哪方面的收获？（可多选）

A. 通过学习，我学会了勇于探索、坚持不懈、严谨求实的科学精神

B. 通过学习科学探索的方法，我们能更好地理解学科知识的核心内涵

C. 通过深入研究科学的发展历程，我们可以更加全面地理解知识，并培养辩证思维能力

D. 培养社会责任意识、创新意识

11. 你认为化学学习是否非常有趣？

A. 非常赞同   B. 赞同

C. 不太赞同   D. 不赞同

附录十七　初三化学教师教学融入化学史教育的情况调查问卷

尊敬的教师：

我们很高兴能够通过这项问卷调查来了解教师们如何利用化学史来提高课堂效率。我们的调查结果将保密，并欢迎大家提出宝贵意见。我们将竭尽所能为大家提供有价值的信息！请您根据实际情况填写问卷

1. 您对化学史的认识程度如何？

A. 不了解   B. 只了解部分重要的化学史实作答

C. 了解教材中所有化学史实   D. 系统了解化学史内容

2. 您在初三化学教学中讲述化学史内容吗？

A. 从不

B. 很少

C. 本课程将重点介绍化学史，而不涉及其他内容

D. 我们将根据教学目标，深入探讨化学史内容，并以此为基础进行教学

E. 以化学史为基础，我们将采取系统化的教学设计方案来实现教学目标

3. 在教授化学史时，您通常会采用哪种方法来帮助学生理解和掌握知识？（可多选）

A. 以作业形式要求学生课下自学

B. 课上指导学生阅读相关材料

C. 通过讲解化学发现的历史，激发学生的思考和探索精神，促进交流与合作

D. 通过实际案例，让学生深入理解化学家的发明历史

4. 您认为化学史内容对于您的化学教学是有帮助的？

A. 非常同意　　　　　　　　B. 比较同意

C. 同意　　　　　　　　　　D. 不同意

5. 您认为利用化学史进行教学时，可以达到何种教育功能？（可多选）

A. 理清知识脉络，提高化学成绩

B. 通过激励和引导，培养学生对化学的兴趣，并帮助他们建立起基本的化学概念

C. 通过学习化学技术，增强实验和推断的能力，从而更好地解决问题

D. 加强安全意识、环境保护意识，培养科学素养和社会责任感，以促进可持续发展

6. 您认为教学中进行化学史教育对提高学生成绩有多大帮助？

A. 很有帮助　　　　　　　　B. 有点帮助

C. 毫无帮助　　　　　　　　D. 看如何应用化学史

7. 您认为教学中融入化学史的价值是学习科学家的？（可多选）

A. 科学精神　　　　　　　　B. 科学态度

C. 科学知识　　　　　　　　D. 科学方法

8. 您认为教学中融入化学史教学的障碍是什么？（可多选）

A. 课时不足　　　　　　　　B. 于考试无太大帮助

C. 自身化学史知识的不足　　D. 教学能力有限

9. 您选择化学史资料教学时会更关注哪方面？（可多选）

A. 注重化学史实的真实性

B. 强调化学史的历史渊源，并结合当时的社会环境与科技发展

C. 强调化学家的个人品质

D. 通过全面的评估，帮助学生发现化学史资源在教辅材料中的不足之处，从而提高学习效果